架构真经

[美] 马丁 L. 阿伯特（Martin L. Abbott）迈克尔 T. 费舍尔（Michael T. Fisher）著

陈斌 译

互联网技术架构的设计原则（原书第2版）

SCALABILITY RULES

Principles for Scaling Web Sites, Second Edition

机械工业出版社

China Machine Press

图书在版编目（CIP）数据

架构真经：互联网技术架构的设计原则（原书第 2 版）/（美）马丁 L. 阿伯特（Martin L. Abbott），（美）迈克尔 T. 费舍尔（Michael T. Fisher）著；陈斌译．—北京：机械工业出版社，2017.3（2022.9 重印）
（架构师书库）
书名原文：Scalability Rules: Principles for Scaling Web Sites, Second Edition

ISBN 978-7-111-56388-4

I. 架…　II. ① 马…　② 迈…　③ 陈…　III. 互联网络 – 架构 – 研究　IV. TP393.4

中国版本图书馆 CIP 数据核字（2017）第 054096 号

北京市版权局著作权合同登记　图字：01-2017-0481 号。

架构真经：互联网技术架构的设计原则（原书第 2 版）

出版发行：机械工业出版社（北京市西城区百万庄大街 22 号　邮政编码：100037）
责任编辑：关　敏
责任校对：李秋荣
印　　刷：北京建宏印刷有限公司
版　　次：2022 年 9 月第 1 版第 8 次印刷
开　　本：147mm × 210mm　1/32
印　　张：10.5
书　　号：ISBN 978-7-111-56388-4
定　　价：79.00 元

客服电话：（010）88361066　68326294

本书赞誉

“阿伯特和费舍尔又为工程师倾力打造了一本图书。对任何处理在线业务可扩展性问题的人来说，这都是一本重要的读物。”

——克里斯·拉隆德，Rackspace 公司数据存储经理

“阿伯特和费舍尔再次以其独特和实用的方式解决了可扩展性的难题。他们总结了在互联网上快速增长的公司所面临的挑战，将其浓缩成 50 条易于理解的规则，提供了一本可以指导读者克服快速增长所带来困难的可扩展性手册。”

——杰弗里·韦伯，Shutterfly 公司互联网运营副总裁

“阿伯特和费舍尔将多年智慧融入一系列有说服力的规则中，以帮助读者避免许多不易察觉的错误。”

——乔纳森·海利格，Facebook 公司技术运营副总裁

“在《架构即未来》[⊖]一书中，AKF 团队告诉我们扩展不仅仅是

⊖ 该书中文版已由机械工业出版社引进出版，书号是 978-7-111-53264-4。——编辑注

一种技术挑战。系统必须通过人、过程和技术的结合才能得以扩展。阿伯特和费舍尔通过本书把易于实施和经过时间验证的规则放入了我们的可扩展性工具箱，这些规则一旦启用便可解决大规模扩展问题。”

——杰罗姆·拉巴，Intuit 公司产品研发 IT 技术副总裁

“刚就职于 Etsy 的时候，阿伯特和费舍尔联手帮助我快马加鞭地开展重要的工作，这是我职业生涯中最美好的一段时间。从我与阿伯特和费舍尔的合作中获取的那些宝贵的建议，在本书中都得到了充分的体现。无论你是一家新公司的技术领导者或者只是想做出好的技术决策，本书都将是必备的工具书。

——查德·迪克森，Etsy 公司首席技术官

“本书提供了一组基本而且实用的工具和概念，供任何人在设计、升级或继承技术平台时使用。我们很容易聚焦当下，却经常忽视未来会出现的问题。本书确保你能把那些具有战略意义的设计原则应用到日常挑战中。”

——罗伯特·吉尔德，Financial Services 公司总监和高级架构师

“这是一本有关设计和构建可扩展性系统的深入而且实用的指南，是产品构建团队和运营团队的必读书籍，作者从 AKF 的多年实践经验中提炼出了简明扼要的规则。由于现代系统的复杂性，可扩展性应该是架构及其实施过程中不可缺少的一个组成部分。扩展系统以满足高速增长，这需要与产品特征紧密相关的敏捷和迭代方法，本书将告诉你怎么做。

——南德·凯萨，ShareThis 公司首席技术官

“对于希望快速有效地扩展技术、人员和过程的组织，《架构即未来》和《架构真经》姊妹篇是无与伦比的。规则驱动的方法不仅使本书成为方便的参考书，还允许团队根据其现在和未来的需求因地制宜地选择阿伯特和费舍尔的方法！

——杰瑞米·莱特，b5media 公司创始人，BNOTIONS.ca 首席执行官

工欲善其事，必先利其器。如果说《架构即未来》讲述的是架构师的艺术，那么《架构真经》讲述的就是架构师的技术。有了战略思维，还要有战术知识。本书提纲挈领，提出了 50 条能够保证可扩展性的规则，可以让技术干将们获得全面的战术训练。

——唐彬，易宝支付 CEO 及联合创始人，互联网金融千人会轮值主席

就像商业的真谛和本质不会因为新商业模式的不断涌现而改变一样，架构设计的基本原理也不会因为新技术的层出不穷而过时，愿这本《架构真经》成为你应对技术和商业变迁的有效工具。

——向江旭，苏宁云商 IT 总部执行副总裁，苏宁技术研究院院长

从 2001 年至 2008 年，我为 eBay 网站解决了许多前所未有的问题。那时企业级软件（如数据库和框架组件）的设计不适用于大规模面向消费者的网站。本书作者和我曾经合作解决过许多挑战性的问题，他们从这些经验中抽象并且总结出了可扩展性的规则和模式，做了许多出色的工作。

中文版译者陈斌曾在 eBay 担任多年高级架构师。 他一直对解决可扩展性问题充满激情，并具有丰富的实战经验。我很高兴知道他翻译了这本书。通过他杰出的工作，让本书变得容易阅读。它将帮助读者学习可扩展性方面的技能，避免常见的架构陷阱。更重要的是，本书将进一步提升架构师和工程师的水平，使他们有能力处理未来的问题。快乐阅读吧！

——叶亚明，携程旅行网首席技术官

如果说《架构即未来》阐述的是互联网架构之道，这本《架构真经》则是互联网架构的“术”。本书提供了50个凝聚作者丰富经验的招式，可以帮助互联网企业的工程师们快速找到解决问题的方向。书中给出的招式覆盖了前后端的业务架构、负载与存储的基础架构，以及扩展性。相信它能够成为工程师案头的“独孤九剑”，无论面对的是刀枪还是剑戟，总能让你有应对之策。

——段念，花虾金融 CEO

《架构真经》是对《架构即未来》一书的全面升级和扩展，书中凝结了作者和众多行业专家多年的实践积累与思想结晶，同时结合最新的业界案例让读者能够迅速理解并使用规则构建面向未来产品的可扩展解决方案。特别需要指出的是，本书的译者陈斌先生本人亦是架构领域的资深专家和倡导者。《架构真经》凝结着陈斌先生多年来在架构设计方面的智慧和积淀。本书篇幅不长但兼具理论性和实践性，特别适合快速成长的中国企业各层次的技术管理者和从业者用来学习和实践。

——吴华鹏，iTech Club 理事长、1024 学院创始人

老子的《道德经》中有言，“天下万物生于有，有生于无”。计算机互联网世界各种形形色色运用的“有”源自《架构真经》“无”

的技术架构思想。本书作者用最为简单的自然之道诠释了最为复杂的各种计算机互联网运用。当今，互联网 + 各行业正处于快速发展的关键阶段，这是一本非常值得包括传统行业在内的各行从业人员认真阅读的权威技术架构图书。

——张瑞海，百悟科技董事长

这是一本非常好的书，它将技术架构和商业实践完美地结合在一起。书里提供的概念可以供任何人使用，它不仅仅是技术人员的一本真经，更是公司管理层乃至 CEO 的一本好读物。

——韩军，原一号店 CTO

长期以来，工程师们在向架构师角色转换的过程中，一直找不到具体的抓手。往往是看着各大公司分享出来的 PPT，赞叹着这些架构设计的精妙和实用，忍不住生出一阵阵的佩服敬仰之情，一旦开始设计自己项目的架构，却不知道从何下手，怎么开始思考。这本《架构真经》从很大程度上解决了初任架构师的困惑，让他们在实际工作中能够全面完整地去分析和设计系统架构，不再是在茫茫的黑夜中摸索前行。对于资深架构师而言，这本书同样提供了很好的参考。

——程炳皓，前开心网创始人兼首席执行官

可扩展一直是从事并行计算研究和开发人员的终极追求，无论超级计算机有多快，如果没有可扩展的并行软件跑在上面，机器的价值会大打折扣，但是，超级计算系统的可扩展性至今仍是一个未解之谜。对于互联网行业，特别是中国的互联网行业来说，可扩展性是一个更为特别、更为重要的属性。本书用一个个久经考验的规则告诉你，如何一步步构建一个可扩展的系统，可以说这是一本关于互联网系统的可扩展红宝书。

——张云泉，中科院计算所研究员，博导，国家超算济南中心主任

架构思维给我的职业生涯带来了巨大的影响。而今天，我正在努力将架构思维运用到轰轰烈烈的产业互联网实践中。本书提炼了架构思维的 50 条黄金规则，非常值得一读。

——李大学，磁云科技 CEO，中国互联网＋实战团发起人，京东终身荣誉技术顾问

本书译者陈斌先生曾在我们组织的 GTLC 全球技术领导力峰会上所做的题为“探索技术领导力的最佳实践”的演讲特别受欢迎，根据演讲整理的文稿发布后，也引起了热烈的讨论。究其原因是他对技术有着深入的理解，也能够通俗易懂地把多年的经验分享给受众。这次《架构即未来》姊妹篇《架构真经》的出版再次印证了这一结论，基于深厚的技术功底，陈斌把硅谷的最佳技术实践精华原汁原味地呈现给了中国的读者。我相信这两本书虚实结合，一定能够帮助有志于在架构设计领域精进的各位同学。

——霍泰稳，极客邦科技创始人兼 CEO

•• 中文版序一 ••

Thanks for your interest in the second edition of Scalability Rules! We are very excited that this version is being translated for our Chinese readers. Our consulting practice, AKF Partners, has worked with several Chinese ecommerce and internet related businesses such as Dianping and others. Scalability Rules was the first book to address the topic of scalability in a rules-oriented fashion and was well received by technologist around the world. We have found through our consulting practice that people learn best from stories; therefore, for this edition we have updated the rules and included stories from CTOs and entrepreneurs of successful Internet product companies. We are very happy about this translation and we hope you enjoy this version of Scalability Rules.

（感谢您对本书第 2 版的关注！对本书第 2 版能在中国翻译出版，我们感到非常兴奋！ AKF 合作伙伴已经与中国的几家电子商务和互联网公司（如大众点评网）等开展了咨询合作。这是第一本以规则为脉络讲述可扩展性的著作，广为世界各地技术人员所喜爱。通过咨询实践，我们发现从故事中学习是一种最好的方式。因此，本版不仅更新了规则，还包括了成功互联网公司首席技术官和企业家的故事。我们对本书能翻译成中文出版感到很高兴，希望你也能喜欢。）

——马丁 L. 阿伯特，AKF 公司初始合伙人，eBay 前 CTO

•• 中文版序二 ••

马尔科姆·格拉德威尔在《异类》一书中提出了著名的“一万小时定律”，也就是说，任何凡人要成为某个领域的顶尖专家，都至少需要一万个小时的练习。其实中国古训也有“天道酬勤”的说法。但是勤奋是不是等于精进呢？显然，历史和现实的案例告诉我们，勤奋是优秀的必要条件，但不是充分条件。这就是为什么“刻意练习”（deliberate practice）这个概念现在变得如此之火。因为在一万个小时的背后，真正起作用的是有针对性的刻意练习。

刻意练习是指在介于“舒适区”和“恐慌区”之间的“学习区”进行大量组块化的、专注的、有反馈的练习。真正的学习不是闲庭信步，不是读几个公众号或者翻几本书就足够的。刻意练习是非常枯燥的，它令人很不舒服，并且消磨人的耐心。真正从菜鸟到高手的道路，都是通过刻意练习的汗水铺就的。

莫扎特是公认的音乐神童，但他纠正说，没有人比他对大师的作品研究得更加刻苦。高尔夫球星泰格·伍兹，通过从小刻苦的专业训练，实现了惊人的竞技成就。歌唱家、网球手、数学家、银行家，甚至政治家，都需要通过在自己的领域中刻意练习才能出类拔萃。“三百六十行，行行出状元”，这一个个状元，都是通过刻意练习达成的。

优秀程序员的诞生也是一样。

编程是一项基本功，也是程序员每日工作的基本内容。码农很多，但是真正跳出来思考代码之上的架构法则的则不多。这种思维方式不是写百万行代码就能够培养出来的。在程序员的竞技场上脱颖而出，同样需要刻意练习。首先要跳出舒适区，去思考代码为什么这么写，结构为什么这么设计。其次，要有师父带领，高手指导，才能把前人珍贵的经验法则传授给你。再次，要反复练习，在实践中不断训练前述经验法则，将它们内化为下意识的思维模式。最后，还要通过实效的反馈，不断修正自己的技术习惯，发现自己的技术盲点，提高自己的技术思维。通过这样有意识的训练，才有可能从程序员走向架构师，甚至 CTO。

武林中人人追求的《九阳真经》，就是这种刻意练习的指导材料。那么，在程序员的世界，也有这种可资修炼的武林宝典吗?

有的，摆在你面前的这本《架构真经》就是。

作为《架构即未来》的姊妹篇，阿伯特和费舍尔给出了 50 个组块化的架构法则，可让程序员获得一整套在实战中刻意练习的材料。如果你从《架构即未来》中获得了人员、过程和技术方面的整体框架，那么这本书就能让你在技术方面进行有针对性的训练。

作为前 eBay 资深架构师和现任易宝 CTO，译者陈斌本人就是译本质量的保证。他对技术工具如数家珍，在技术实战中运筹帷幄，在技术思维上融会贯通，既有硅谷名企的扎实训练和先进理念，也了解国内企业的技术现状和实际需求。他不但热衷于钻研专业知识，而且热爱阅读写作，译笔可谓信达雅兼具，从目录中的成语章名即可见一斑。

希望每个有志于走向卓越的程序员，都通过《架构真经》提供的法则进行刻意练习，把科学的架构思维变成一种本能反应。我相信，长此以往，大多数互联网公司的可扩展性问题都会获得极大的改善。本书与《架构即未来》一样，应该成为程序员们的案头必备。

——余晨，易宝支付高级副总裁及联合创始人

译者序

2016年，由我翻译、机械工业出版社出版的《架构即未来》一书在互联网技术行业广受欢迎。2016年年底，编辑又联系我，希望我能把《架构即未来》的姊妹篇《架构真经》也翻译出来，由他们出版并奉献给国内的读者。在得到该书的英文版后，我如饥似渴地读了起来，仅用一个通宵就把50个架构原则通读了一遍。这本书使我个人受益匪浅，同时我也看到了它对我国互联网技术人员的潜在价值，深深感觉到自己有责任尽快地把它翻译成中文，把好的经验分享给大家。

我于2008年加入eBay公司，2014年离开。在eBay的6年时间里，我深刻地体会到硅谷公司对互联网技术架构的重视，公司里有应用架构师、信息安全架构师、网络架构师、数据库架构师和运维架构师等负责技术架构的专业人员，每个重要项目及系统的变更都需要经过架构师的层层严格审查。原著作者阿伯特和费舍尔两位也曾在eBay和PayPal主持过技术工作，他们在本书中所叙述的人物、事件、架构等也是我非常熟悉甚至亲身经历过的，所以翻译起来得心应手，倍感亲切。仿佛自己又回到了在eBay和PayPal的年代，好像是在写自己的回忆录。所以整个翻译过程如行云流水般顺利，只用两个月时间就完成了本书全部的翻译工作。

2014 年回到易宝后，我发现公司里没有架构师，也缺乏架构师的培养和晋升体系。面对培养架构师和建立技术体系的挑战，我曾经萌发过自己编写一本培训教材的念头，专门总结和介绍硅谷的互联网技术架构经验。2016 年我翻译的《架构即未来》一书，从人员、管理、过程和架构几个方面对硅谷互联网技术架构的最佳实践做了全面介绍。而本书则聚焦在技术架构本身，把两位作者多年积累的互联网技术架构实战经验提炼出来。通过硅谷著名互联网企业首席技术官所讲述的真实故事，以易于理解的方式，生动且形象地把枯燥难懂的 50 个架构原则讲解清楚，读了之后使人有醍醐灌顶、豁然开朗的感觉。我利用本书的第一部分作为基本教材在易宝做了一次尝试性的分享，技术人员的反响不错，大家都很期待后续章节的分享。2017 年 2 月，我在 CTO 学院收了十几个徒弟，他们都是各互联网公司的技术精英和未来的 CTO，当他们问我如何学习和掌握互联网架构技术时，我告诉他们最近会出版一本可以教导准 CTO 的秘籍，好像《射雕英雄传》里的《九阴真经》和《九阳真经》那样，能使他们的技术架构能力大增，也正是因为此，本书的中文名称被定为《架构真经》。非常期待这本书的出版能为互联网技术江湖培养出一大批技术英雄。

从互联网技术架构的理念、设计、实施和监控方面，本书全面概括了相关场景、条件和方法。作为互联网扩展技术的高级专家，本书作者通过 AKF 合伙公司为数以百计的互联网企业提供了技术咨询服务，也因此积累了丰富的实战经验。最近 AKF 合伙公司也把目光转向了中国，在本书中文版出版前夕，当我邀请费舍尔为中文版写寄语时，他表达出了要和中国的互联网企业加强合作的强烈期待。中国的互联网技术发展日新月异，一日千里，甚至在应用方面已经超过世界发达国家，开始引领世界互联网技术的发展潮流。希望本书中文版的出版能为中国的互联网技术发展助一臂之力。

前 言

感谢你对本书第 2 版感兴趣！作为一本入门、进修和轻量级的参考手册，本书旨在帮助工程师、架构师和管理者研发及维护可扩展的互联网产品。本书给出了一系列规则，每个规则围绕着不同的主题展开讨论。大部分的规则聚焦在技术上，少数规则涉及一些关键的思维或流程问题，每个规则对构建可扩展的产品都是至关重要的。这些规则在深度和焦点上都有所不同。有些规则是高级的，例如定义一个可以应用于几乎任何可扩展性问题的模型；其他的则比较具体，可能用来解释一种技术，例如怎么修改 HTTP 头来最大化内容缓存。在本版中，我们增加了成功的互联网产品公司中首席技术官和企业家的故事，这里涉及的公司既包括初创企业也有财富 500 强公司。这些故事有助于说明规则是如何形成的，以及它们为什么在海量事务处理环境中显得如此重要。没有什么其他故事可以比亚马逊更能说明在互联网上急速扩展所遇到的需求和挑战。里克 · 达尔泽尔是亚马逊的第一位首席技术官，在本书中他用自己的故事阐述了几个规则。

驯服互联网的狂野西部

从创新和行业破坏的角度来看，很少有像亚马逊这样成功的公司。自 1994 年成立以来，亚马逊所做出的贡献已经重新定义了至少三个行业：消费者商务、印刷出版和服务器托管。亚马逊的所作所为已经远远超出了行业破坏；他们一直是面向服务架构、研发团队建设和无数其他工程方法的思想领袖。亚马逊的规模和全维度的业务扩展令人难以置信；该公司以传统实体企业难以想象的速度不断成长。自 1998 年以来，亚马逊从年收入 6 亿美元（根本就不是小企业）增长到 2015 年惊人的 1070 亿美元[1]。2015 年世界上最大的零售商是沃尔玛，其年销售额为 4857 亿美元[2]。但是沃尔玛自 1962 年以来就一直存在，它花了 35 年的时间使销售额攀升到 1000 亿美元，而亚马逊却只用了 21 年。如果没有一个或几个出自亚马逊的故事，那些自称编纂的是来自于首席技术官口中并由他们创造的可扩展性规则的书将是不完整的。

杰夫 · 贝佐斯于 1994 年 7 月建立了亚马逊（原名 Cadabra），并在 1995 年推出 Amazon.com 作为在线图书商。1997 年，贝佐斯聘请了时任沃尔玛信息技术副总裁的里克 · 达尔泽尔。里克领导亚马逊研发团队长达十年。让我们和里克一起回顾他在亚马逊职业生涯中的故事：

"当我在沃尔玛时，我们有一个世界上最大的关系型数据库支撑着公司的业务。但是亚马逊团队很快就明白了，那个巨大的单体数据库根本就不适用于亚马逊。即使在那个时候，亚马逊系统在一个星期内处理的交易比沃尔玛系统在一个月内要处理的交易量还要大。如果再综合考虑不可思议的增长，那么很明显单体的系统根本就跟不上节奏。有一天，杰夫［贝佐斯］带我去吃午饭，我告诉他，我们需要把现在的单体系统拆分成服务。他说，“这很好，但是我们需要在这个业务的周围建造一条护城河，以获得 1400 万客户。”我解释说，如果现在还不开始这些拆分工作，那么我们有可能撑不过圣诞节。”

里克接着说，“请记住，这是 20 世纪 90 年代中后期。研发分布式事务处理系统的公司凤毛麟角。如果出现事务处理系统的交易量同比增长超过三倍，没有几个地方可以帮你提出如何解决扩展问题的方案。没有任何规则手册，也没有任何专家曾经做过或者经历过。这是一个崭新的战地前沿——一个完全荒凉的西部。但我们很清楚，要成功就必须把这些交易分散下去。与我在沃尔玛成功所做的事情相反，如果我们要保障解决方案和组织可以扩展，那么就需要把解决方案和底层数据库拆分成数个服务。”（提醒读者注意，本书的第 2 章专门讲解这类拆分。）

“我们开始着手将电子商务引擎和商店引擎从后端的订单处理系统中拆分出来。这是亚马逊所谓的面向服务架构旅程的真正起点。各种各样的事情都因此而发生，其中包括亚马逊的团队独立性和 API 合同。最终，这项工作创造了一个新的行业［基础设施即服务］，并为亚马逊网络服务带来了一个新的业务——那是另外一段故事。这项工作并不简单；之前单体数据库中的一些组成部分，诸如客户数据——我们称之为亚马逊客户数据库或 ACB——花了我们几年的时间才搞清楚应该怎么拆分。我们从交易量高的服务开始，并且可以对软件和数据快速拆分，如前面描述的前端和后端系统。每做一个拆分都进一步分散系统，从而获得更大的扩展空间。最后，我们重新解决 ACB 这个老大难问题，终于在 2004 年左右完成了拆分。”

“团队聪明得令人难以相信，但是偶然我们也有些幸运。我们并不是从来都没有失败过，但是一旦犯了错，我们会迅速改正并且弄清楚该怎样解决相关的问题。幸运的是，我们发生过的事故没有像其他那些也在同一条道路上挣扎的公司损失那么严重，影响那么大。在建立这些分布式服务的过程中有一些重要经验来自于这些拆分，学习和掌握了诸如需要限制会话和状态、远离分布式的两阶段事务提交、通信尽可能保持异步等。事实上，对发布－订阅模式的消息总线异步通信我并没有强烈的偏好，没有它的支撑，我不知道是否还可以拆分和扩展。我们还学习到，如果可能尽量让事务在最终一致，除了支付以外，这具有广泛的适用性。实时一致性的成本很高，如果人们意识不到这个差别，可让事情暂时处于模糊状态，在后期同步。当然，也有一些人员或者团队方面的学习经验，例如保持团队规模足够小[3]，在团队之间发生的服务调用需要签订特别的合约等。”

里克关于如何在 10 年时间内领导亚马逊可扩展性研发团队的故事非常有价值。我们可以从他的见解吸取一些教训，这些教训可以避免很多面临可扩展性挑战的公司走弯路。我们将引用里克和其他几位著名的首席技术官及成功的互联网产品公司企业家的故事（这些公司既包括初创企业也包括财富 500 强公司），来说明本书讨论的规则对海量交易环境扩展的重要性。

快速入门指南

经验丰富的工程师、架构师和经理可以阅读所有规则的概要部分，包含规则名称、内容、场景、用法、原因和要点。你可以浏览每章各个规则的概要部分，也可以直接跳到第 13 章，该章汇集了所有规则的概要部分。读完这些规则的概要后，你可以选择性地阅读觉得有趣或有新鲜感的章节。

对于经验不足的读者，我们明白，掌握 50 条规则负担太重。我们确信最终你会熟悉所有的规则，但我们也了解你需要协调自己的时间。考虑到这一点，我们为经理选择了 5 章，为软件研发人员选择了 5 章，为技术运维人员选择了 5 章，我们推荐你抢先阅读本书，以免落后于其他人。

经理可以选择阅读以下几章：

第 1 章　大道至简

第 2 章　分而治之

第 4 章　先利其器

第 7 章　前车之鉴

第 12 章　意犹未尽

软件研发人员可以选择阅读以下几章：

第 1 章　大道至简

第 2 章　分而治之

第 5 章　画龙点睛

第 10 章　超然物外

第 11 章　异步通信

技术运维人员可以选择阅读以下几章：

第 2 章　分而治之

第 3 章　水平扩展

第 6 章　缓存为王

第 8 章　重中之重

第 9 章　有备无患

不管你是什么职位，如果有时间，建议你通读本书以掌握本书中的规则和概念。本书很短，你可以在短途的飞行中完成阅读。

读过第一遍后，本书可以作为参考书。如果你正在计划修复或重新架构现有产品，第 13 章提供了针对现有平台基于成本和预期收益应用规则的方法。如果你已经有了自己的优先级管理机制，我们不建议你替换，除非你更喜欢我们的方法。如果你没有现成的优先级管理机制，我们的方法应有助于你思考首先应该应用哪些规则。

如果你刚刚开始研发一个新产品，这些规则可以帮助你了解关于扩展的最佳实践。在这种情况下，最好把第 13 章讨论的优先级管理方法作为指南，了解在设计中最需要考虑哪些东西。你应该查看最有可能满足当下和长期扩展需要的规则，然后有计划地实施。

对于所有组织，这些规则可以帮助你建立一套架构原则来推动未来的研发。选择 5、10 或 15 个有助于产品最佳扩展的规则，并将它们用作对现有设计评审标准的补充。工程师和架构师可以提出与每个可扩展性规则相关的问题，并确保任何新的重要设计都符合可扩展性标准。虽然这些规则定义尽可能具体和固定，但是根据系统的特定情况仍有修改的余地。如果你或你的团队具有相当的可扩展性经验，可以因地制宜根据需要调整这些规则。如果你和你的团队缺乏大型系统的可扩展性经验，那就按部就班地使用这些规则，看看它对你的扩展实践有多么大的帮助。

最后，本书旨在作为参考书和手册。第 13 章总结了本书的 50

条规则，有助于读者快速参考。无论是遇到了问题，还是只希望设计一个更具可扩展性的解决方案，第 13 章都可以作为快速参考指南，其中的规则可以帮助你最快地走出困境或帮助你在新的征程中确定最佳路径。除了把本书作为案头参考之外，还可以考虑通过一些手段将其整合到组织中，例如，每周选取一个或两个规则在技术全员大会上讨论。

为什么会出第 2 版

本书的第 1 版是第一本以规则为脉络讲述可扩展性的书，因简洁、易用和方便深受客户的喜欢。但是不断有来自于我们公司（即 AKF 合作伙伴的读者和客户）要求我们讲述这些规则背后的故事。因为把客户的需要放在首位使我们感到自豪，所以我们在编辑时把隐藏在这些规则后面的故事也加了进来。

除了讲述多位首席技术官和成功企业家的故事之外，编辑本书第 2 版允许我们及时更新内容以确保符合行业的最佳实践。再版也给了我们让技术同行对本书内容进行另一轮评审的机会。所有这一切使第 2 版更容易阅读、更容易理解、更容易应用。

本书与《架构即未来》有什么不同

《架构即未来》第 2 版是我们第一本关于可扩展性主题的书，它专注于人、过程和技术，而本书则主要是专注于技术。不要误解，我们仍然相信人和过程是构建可扩展性解决方案最重要的组成部分。毕竟，正是公司（包括个人贡献者和管理层）在构建可扩展的解决方案的过程中有成有败。无法扩展不是技术的错误，而是人错误地构建、选择或者集成了技术。我们相信《架构即未来》已经充分论述了人和过程在可扩展性方面的问题，本书会更深入地探讨可扩展性的技术方面。

本书扩展了《架构即未来》中的第三部分（技术）。与《架构即未来》相比，本书中的内容要么是新的，要么是更偏重技术层面。正如亚马逊的一些评论者指出的那样，如果本书单独作为一本书有其独立的价值，当然它也可以作为《架构即未来》的姊妹篇。

注释

1. "Net Sales Revenue of Amazon from 2004 to 2015," www.statista.com/statistics/266282/annual-net-revenue-of-amazoncom/.
2. Walmart, Corporate and Financial Facts,http://corporate.walmart.com/_news_/news-archive/investors/2015/02/19/walmart-announces-q4-underlying-eps-of-161-and-additional-strategic-investments-in-people-e-commerce-walmart-us-comp-sales-increased-15-percent.
3. 作者注：著名的亚马逊之两个披萨饼规则——团队规模不能大过两张披萨饼可以喂饱的人数。

·· 致　谢 ··

本书所包含的规则并不是我们的合作伙伴单独总结出来的，而是与客户、同事和合作伙伴（涉及差不多400家公司、部门和机构）近70年合作的智慧结晶。每个人对本书中的部分或所有规则都有不同程度的贡献。因此，我们感谢在过去数十年里共事过的朋友、合作伙伴、客户、同事和老板对本书的贡献。通过包括里克·达尔泽尔、克里斯·拉隆德、詹姆斯·巴雷斯、朗·班德、布拉德·彼得森、格兰特·克洛普、杰里米·金、汤姆·凯文、泰洛·斯坦斯伯里、克里斯·施赖纳、查克·盖革在内的首席技术官的故事说明这50条规则的必要性，这种帮助对本书来说是无价的。我们感谢他们每个人在讲述自己故事时所付出的时间和精力。

我们还要感谢对本书提供指导、读者反馈意见和项目管理的编辑。第1版和第2版的技术编辑包括杰弗里·韦伯、克里斯·拉隆德、卡米尔·富尼耶、杰里米·怀特、马克·乌尔迈克和罗伯特·吉尔德，他们分享了已积累数十年的技术经验，并为本书提供了宝贵的建议。感谢来自Addison-Wesley出版社的编辑邱松林、劳拉·莱温、奥利维亚·培生和蒂娜·麦克唐纳德，他们提供了一贯的支持并在本项目的每一步给予了修辞方面的指导。感谢帮助过该项目的所有人！

最后一点也很重要，我们要感谢家人和朋友，他们体谅了我们因为需要坐在电脑前写作而无法参加社交活动的行为。这种规模的工作不是我们单枪匹马就可以完成的，没有家人和朋友们的理解与支持，这将是一个更加艰巨的旅程。

·· 作者简介 ··

马丁·阿伯特是研究增长和可扩展的咨询公司 AKF 的创始合伙人。马丁曾任 Quigo 的首席运营官，Quigo 是一家从事广告业务的初创公司，后来被 AOL 收购。在 AOL，他负责产品策略、产品管理、技术研发和客户服务。马丁曾在 eBay 工作了 6 年，先后担任高级技术副总裁、首席技术官和高管人员。加入 eBay 前，马丁在 Gateway 和 Motorola 公司担任美国国内和国际的工程、管理及行政职务。他还曾在几个私人和上市公司里担任董事。马丁从美国军事学院获得计算机学士学位，拥有佛罗里达大学计算机工程硕士学位，是哈佛商学院执行人员教育项目的毕业生，同时拥有凯斯威斯顿储备大学的管理学博士学位。

迈克尔·费舍尔是研究增长和可扩展的咨询公司 AKF 的创始合伙人。在共同创建 AKF 公司之前，迈克尔曾任 Quigo 的首席技术官。加入 Quigo 之前，迈克尔曾在 eBay 的子公司 PayPal 担任负责工程和架构的副总裁。在加入 PayPal 前，迈克尔曾经在通用电气工作了 7 年，负责制订公司的技术发展战略，在此期间，他获得了六西格玛黑带大师的荣誉。迈克尔作为飞行员和上尉在美国陆军服役 6 年，从凯斯威斯顿储备大学管理学院获得了 MBA 和博士学位，从夏威夷太平洋大学取得信息系统硕士学位，从美国军事学院（西点军校）取得计算机学士学位。迈克尔在凯斯威斯顿储备大学管理学院的设计与创新系担任兼职教授。

目 录

第1章 大道至简

无论从哪个角度来看，杰瑞米·金都有一个成功和绚丽的职业生涯。20世纪90年代中期，在互联网大潮来袭之前，杰瑞米参与了海湾网络公司SAP项目的成功实施。从此，杰瑞米投身互联网大潮，任Petopia.com公司的技术副总裁。他经常调侃说，在Petopia.com公司的这段经历，相当于从“硬汉拓展营大学”取得了“现实世界的工商管理硕士”。离开Petopia.com后，杰瑞米加入eBay，作为总监负责新一代商务平台V3的架构。如果说杰瑞米在Petopia.com完成了财经专业的课程，那么eBay（后升任副总裁）为他提供了前所未有的系统可扩展性方面的教育。杰瑞米也曾在LiveOps做过三年常务副总裁，现任沃尔玛实验室首席技术官。

eBay为杰瑞米积累了丰富的经验，包括架构需要简化。2001年杰瑞米加入了eBay，那时的eBay与少数像亚马逊和谷歌这样的公司一样方兴未艾，在线交易初具规模。2001年全年，eBay的商品总销售额为27.35亿美元[1]，同期，沃尔玛在全球的销售额是1913亿美元（未包括在线交易）[2]，亚马逊31.2亿美元[3]。然而，在这耀眼的成功背后却隐藏着 eBay 黑暗的过去。

1999 年 6 月，一起持续了将近 24 小时的宕机事件[4]让 eBay 几乎濒临死亡宣判。1999 年 6 月宕机事件后的几个月里，eBay 的网站又接二连三地出现了几次不同规模的宕机，尽管引起每次宕机的原因有所不同，但是，问题的根源都指向该网站无法应付空前急剧增长的大量用户请求。这些宕机事件彻底改变了该公司的文化。确切地说，这些事件使 eBay 关注于以高可用和高可靠的标准来约束其所提供的服务。

1999 年，eBay 卖出的大部分商品都是以拍卖方式完成的。与常见的在线交易相比，拍卖是一种很独特的交易方式。首先，拍卖的周期很短；其次，临近预定的投标截止时刻，往往会出现大量意外的投标（写交易）和查询（读交易）。相对而言，传统平台上的大多数交易都均匀分布，并带有典型的季节性；尽管 eBay 平台可以展示数以百万计的商品，但在任意给定时刻，全部用户的活动都集中在少数商品上。这为数据库的负载带来了独特的难题，例如，由于负载主要集中在少数商品上，支撑业务的数据库（那时是单一数据库）不得不在物理记录和逻辑记录的冲突中苦苦挣扎。这也证实了数据库是 eBay 网站反应慢甚至彻底崩溃的原因。

杰瑞米在 eBay 的第一项任务是带领团队重新定义 eBay 的软件架构，目标是防止类似 1999 年 6 月的宕机事件再次发生。与此同时，还需要考虑业务的飞速增长以及拍卖形式所遭遇的各种困难，使这项任务变得异常复杂。这个内部命名为 V3 的项目需要采用 Java 来重构 eBay 的商务引擎（之前是 C++），这次系统重构还可以顺便解决数据库沿 X、Y 和 Z 轴分库的问题（详见本书第

2 章）。

该团队试图确保系统的各个部分都可以无限扩展，并能以最快的速度来解决任何系统故障，以把故障所带来的影响降到最低。“我的主要教训是，”杰瑞米说，“我们试图把系统各个部分的复杂性和业务的关键性与实际的拍卖过程一视同仁。对网站上的各种功能，从图片展示到 eBay 用户评价系统（经常称为反馈），我们均采取类似的高可靠性解决方案。”

“要知道，”杰瑞米接着说，“2001 年那时候几乎没有什么公司经历过 eBay 那样大规模的线上交易。因此，不论是供应商还是开源组织都无法帮助我们解决问题。只能靠我们自己去发明创造，如果有选择，我宁可不去做这些事。”

乍一看我们很难梳理出杰瑞米所吸取的经验教训。假如所有子系统做得和拍卖子系统一样坚不可摧呢？杰瑞米笑着说，“其实并不是每个子系统都像拍卖子系统那么复杂。以用户评价引擎为例。在短期内，这个子系统并不需要像拍卖子系统那样需要应付大量的数据资源竞争。因此，也就不需要把同样的架构原则应用在该系统上。如果该子系统在短期内对某些数据资源的竞争并不像交易那样严重，那么该系统甚至可以在保持高可用性的情况下更加有效地扩展。更为重要的是，对每个商品的交易，用户评价子系统都需要进行一次写操作，而拍卖子系统则可能每秒钟都需要做几百次写操作。与简单的减库存不同，这是一个复杂的比较过程，需要把当前的投标价与所有其他的投标价进行比较，然后重新计算出新的投标价。但是，我们却把解决其他问题与拍卖等量齐观，特别是要求其他子系统也能够承受空前大量的用户请求，事实上，这些请求只集中在一小部分数据上，而且发生在拍卖的最后几秒钟内。”

在弄清楚这个问题后，我们开始思考如果把 V3 的某些部分做得比其他部分更复杂会带来什么影响。“那很容易，”杰瑞米说，“总体来看 V3 是成功的，如果让我们重新来过，或许我们有机会以更低的成本或更快的速度完成它或两者兼顾。此外，因为有些部分过于复杂，换句话说，问题并不需要那么复杂的解决方案，因而造成这些部分的维护成本比较高。这也是我在沃尔玛和 LiveOps 所学习与应用的架构原则：问题的复杂度要与解决问题的方法及成本相匹配。每个问题解决方案的复杂度都不同，要用最简单的方法取得最佳的效果。从扩展性、可维护性或者可复用性的角度看，拥有一个标准的平台或者开发语言看起来似乎很理想，然而，采用一个基于开源项目、新开发语言或者新平台的简单解决方案可能会大幅度地降低成本、缩短上市时间，甚至为客户带来创新的产品。”

杰瑞米的故事告诉我们不要把简单的问题复杂化，换句话说，尽量保持问题解决方案的简单。我们认为复杂问题只是一个关于有待解决的小而简问题的集合。本章就讨论如何把大事化小，从而事半功倍。

本书的许多章节都会提到规则，这些规则会随着系统的规模和复杂度而变化。有些比较宏观，适用于多种不同的设计环境。有些则比较微观，只适用于某些特定系统的实施。

规则 1——避免过度设计

内容： 在设计中要警惕复杂的解决方案。

场景： 适用于任何项目，而且应在所有大型或者复杂系统或项目的设计过程中使用。

用法： 通过测试同事是否能够轻松地理解解决方案，来验证是否存在过度设计。

原因： 复杂的解决方案实施成本过高，而且长期的维护费用昂贵。

要点： 过于复杂的系统限制了可扩展性。简单的系统易维护、易扩展且成本低。

正如在维基百科中解释的那样，过度设计有两大类[5]：第一类指产品的设计和实施超过了实际的需求。出于完整性，我们对此做简单的讨论，与第二类相比，实际上第一类对可扩展性的影响很小。第二类指所完成的产品过于复杂。如前所述，我们更关心第二类过度设计对可扩展性的影响。但是要先讨论一下超过实际需求的含义。

为了讨论第一类超过实际需求的过度设计，我们首先要解释一下“实际”两个字的含义，“实际”就是指“能够使用”。例如，设计一款家用空调，在室外可以达到热力学温度 0K㊀，在室内可以达到 300 ℉㊁，这是在浪费资源，毫无必要。与此相对的是，设计和制造一款空调机，能够在室外 -20 ℉时把室内加热到可以舒适生活的环境温度。过度设计有过度使用资源的情况，包括为研发和实施硬件、软件解决方案付出的较高费用。如果因为过度设计，造成系统的研发周期过长，影响公司产品的发布计划。这些都会直接影响

㊀ $\frac{t}{℃}=\frac{T}{K}-237.15$。——编辑注

㊁ 300 ℉ ≈ 140℃，其他华氏温度可相应算出。——编辑注

股东的利益，因为较高的成本导致较低的收益，较长的研发时间会影响公司的收入。对比初始产品定义与产品首次发布，如果项目范围扩大了，那就是过度设计的一个表现。

一个更接近我们生活的例子是研发一个打卡系统，它可以支撑一个公司相当于地球总人口100倍数量的员工打卡的需求。在打卡软件的生命周期内，地球人口增长100倍的概率极其渺茫。那么多人都为一个公司工作的机会也很小。我们当然希望把系统建设得可以扩展以满足客户的需求，但是我们并不想浪费时间来实施和配置远远超过我们实际需求的系统能力（参见规则2）。

第二类过度设计是指把一件事情做得过于复杂和以复杂的方式去完成一个任务。简单地说，它包括让某些事物超过实际需要过度工作，让用户费不必要的精力去完成一件事，让工程师付出很大的努力去理解不必要的需求。下面将对过度设计的这三个方面进行深入分析。

让某些事物超过实际需要过度工作到底意味着什么？杰瑞米·金提到的研发构成eBay网站的全部功能与拍卖过程的急迫需求，就是一个让某些事物（例如用户评价系统）超过实际需求过度工作的最好例子。再举现实生活中的一些其他例子。假如你打发手下去杂货店。他同意了，你告诉他每样东西都拿一件，然后在排队付款前给你回个电话。电话来了，你告诉他，其实你只想从那些已经装满的购物篮中挑一些东西，让他把其他不要的东西都放回去。你可能会说："实际上没有那么荒唐！"但是，你是否曾经在代码中执行过select (*) from schema_name.table_name这样的SQL语句，然后从结果返回集中选取个别几行数据呢？（参见第8章中的规则

35。）前面杂货铺的例子与 select（*）异曲同工。在代码中，你加了多少行条件判断来处理小概率事件？你用什么样的顺序来评估和判断这些条件？你先处理那些大概率事件吗？你是否经常让数据库再次返回刚刚请求过的结果集？你是否经常请求重新产生刚刚显示过的 HTML 页面？这样的问题比比皆是（本可以取最近的正确答案，却做不必要的重复工作），而且很容易被忽略，为此，我们特别准备了一整章的内容（第 6 章）来讨论此话题。你应该明白我们这么做的原因了吧！

让用户费不必要的精力是什么意思？在大多数情况下，少即是多。很多时候，为了试图保持系统的灵活性，我们常会努力把尽可能多且不常用的功能塞进系统里。生活并不是总需要多样性的点缀。在大多数情况下，用户只想不受任何干扰，尽快地从 A 点到达 B 点。如果市场上 99% 的用户根本就不在意能否把微博的内容导入 .pdf 文件中，那么就不要去设置一个选择，问用户是否要把微博的内容另存为 .pdf 文件。如果用户对把文件从 .wav 格式转换成 MP3 格式感兴趣，就说明他们已经对音乐保真不在意，那就别再用可转换高保真压缩 FLAC 文件的新功能来分散用户的注意力了。

最后，我们讨论最常见的问题，就是研发者把软件写得异常复杂以至于其他的工程师无法轻而易举地理解。这种做法曾经风靡一时，实际上还有看谁能把代码写得复杂到其他人难以理解的比赛。组织者会把奖牌发给那些能把代码写到高级研发者在进行代码复查时欲哭无泪的人。复杂性成了知识分子的囚笼，电脑编程的极客们在这个囚笼里为争夺组织的优势而互相厮杀。那些有兴趣一展身手的极客们，通常都远离实战，躲在安全屋里操作以免对股东价值带来潜在的破坏，建议他们参加国际C语言混乱代码大赛（详情参见www0.us.ioccc.org/index.html）。除此之外的人要清楚地认识到自己的工作是研发简单、易懂的解决方案，并通过这些方案为股东保持和创造价值。

我们都应该努力把代码写得通俗易懂。对一个好工程师的真实度量，是看他能多快简化一个复杂的问题（见规则3），然后构思出一个易于理解并可以维护的解决方案。浅显易懂的方案可以让初中级工程师快速上手。浅显易懂的方案也意味着在系统纠错过程中可以很快地查出问题，确保系统可以更快地恢复正常。浅显易懂的方案能够增强组织和平台的可扩展性。

有一个非常好的验证办法可以用来确定方案是否过于复杂，让负责解决该复杂问题的工程师把自己的解决方案展现给公司内的不同技术团队。参与活动的技术团队成员要在经验水平和公司任期方面有不同的代表性（区分经验和任期是因为有些刚加入的工程师，虽然经验丰富，但是对公司并不太了解）。要想通过这个测试，每个技术团队都应该能轻松地理解方案，并可以在无人协助的情况下，向其他不知情的人描述该方案。如果有任何一个技术团队对此方案表示不理解，那么就应该针对该方案是否过于复杂进行深入的辩论。

过度设计是可扩展性的大敌之一。设计一个超过实际需要的方案就是在浪费金钱和时间。更进一步来说，这种方案会浪费系统的处理资源，增加系统扩展的成本，限制系统的整体可用性（系统能扩展到什么程度）。构建过于复杂的解决方案与此相似。过度工作的系统会增加成本并限制平台最终的规模。那些让用户费很多精力的系统，会在增加用户数量和快速开展业务时遇到瓶颈。复杂到难以理解的系统会扼杀组织的生产力，加大工程师团队扩大的难度，也提高了为系统增加新功能的难度。

规则 2——方案中包括扩展

> **内容：** 提供及时可扩展性的 DID 方法。
>
> **场景：** 所有项目通用，是保证可扩展性的最经济有效的方法（资源和时间）。
>
> **用法：**
>
> - Design（D）设计 20 倍的容量。
> - Implement（I）实施 3 倍的容量。
> - Deploy（D）部署 1.5 倍的容量。
>
> **原因：** DID 为产品扩展提供了经济、有效、及时的方法。
>
> **要点：** 在早期考虑可扩展性可以帮助团队节省时间和金钱。在需求发生大约一个月前实施（写代码），在客户蜂拥而至的几天前部署。

我们公司致力于帮助客户解决他们的扩展性需求。你可能想象得到，客户经常问我们，“什么时候该在可扩展性上投入？”有些轻率的回答是，最好在需要的前一天投入和部署。如果你能够做到在需要改善可扩展性方案的前一天部署，那么这笔投资的时机最佳（及时），而且有助于实现公司财务和股东利益的最大化。这与戴尔

（Dell）带给世人的按需订制系统和准时生产相似。

让我们面对现实，诸如及时投入和部署根本就不可能，即使可能，也无法确定具体的时间，而且会带来很多风险。比在需要前一天投入和部署稍逊一筹的，是AKF合伙公司在思考可扩展性时用的DID（设计－实施－部署）方法。这几个步骤与众所周知的认知阶段一致：思考问题和设计方案，为方案构建系统和编写代码，实际安装或者部署方案。这种方法既不主张也不需要瀑布模型。我们认为敏捷方法遵守这样一个过程，顾名思义，也非常需要人类的参与。你无法为自己所不知道的问题设计一个解决方案，而且如果没有设计，也不可能制造或发布产品。无论哪种开发方法（敏捷、瀑布、混合或其他），我们的每个设计都应该是基于一套定义和指导我们如何设计的架构原则和标准。

设计（D, Design）

我们先从一个概念开始，讨论和设计很明显要比我们在代码中具体实现该设计成本更低。鉴于成本相对低，我们可以未雨绸缪，讨论和草拟好如何扩展平台的设计。例如，我们显然不想部署比现在的生产环境需要高10倍、20倍甚至100倍的容量。但是，讨论和决定如何扩展到这些维度的成本相对来说比较低。然后，在DID方法的D（设计）阶段聚焦在扩展到20倍和无限大之间。因为聘请“思想家”来思考“大问题”，所以我们的智力成本很高。然而，由于我们不编写代码或部署昂贵的系统，所以技术和资产成本较低。通过召集可扩展性大会，把领导者和工程师团队聚集在一起，共同讨论产品的扩展瓶颈，这是在DID设计阶段发现和确定需要扩展部分的一个好办法。表 1-1 列出了 DID 的各个阶段。

表 1-1　扩展的 DID 过程

	设　计	实　施	部　署
扩展的目标	20 倍 ~ 无限	3 ~ 20 倍	1.5 ~ 3 倍
智力成本	高	中	低到中
工程成本	低	高	中
资产成本	低	低到中	高到很高
总成本	低到中	中	中

实施（I, Implement）

随着时间的推移，我们逐步接近对未来扩展预想的需求，于是开始编写软件实现设计。我们把规模需求的范围缩小到更接近现实，例如当前规模的 3 ~ 20 倍。“规模”在这里指被视为扩展最大瓶颈的系统组件，这部分最需要亟待解决以实现业务目标。可能在有些情况下，把当前的规模扩大 100 倍或更多倍的成本与扩大 20 倍没有区别。假设如此，也许我们可以一次完成所需要的改变，而非反复折腾。如果我们要基于用户属性取模，然后把用户分散到多个（N 个）数据库系统，那就会是这种情况。我们可能会定义一个可配置的变量 Cust_MOD，其取值范围是 1（现在）~ 1 000（5 年内）。这种改变的实施成本确实不会随着规模 N 的变化而变化，所以我们可以把 Cust_MOD 的取值范围定义得尽可能大。这类改变以工程时间计算的成本很高，以智力时间计算的成本中等，以资产计算的成本较低，因为只打算在第一阶段部署 1 或 2 的模数，就没有必要在当前部署比现有规模大 100 倍的系统。

部署（D, Deploy）

DID 的最后阶段是部署（D）。仍以前面的取模为例，我们希望以及时的方式部署系统，没有理由因为资产空闲而稀释股东的价值。如果是一家适度高增长的公司，也许我们可以把最大产能提高到 1.5 倍；如果是一家超高增长的公司，也许我们可以把最大产能提高到 5 倍。我们经常引导客户利用云计算来应付突发请求，这样就没有必要把 33% 的资产放在那里等待突然爆发的用户活动。在部署阶段，资产的成本比较高，其他的成本则在从低到中的范围内。该阶段的总成本往往是最高的，部署相当于现有规模 100 倍的系统容量将会使许多公司破产。记住，扩展具有弹性，它既可以扩张也可以收缩，我们的解决方案应该认识到这两个方面。因此，灵活性是关键，因为你需要响应客户的请求，随着规模的收缩和扩张，在系统之间调整容量。

对可扩展性的设计和思考的成本相对低，因此应该经常进行。理想情况下，这些活动会产生某些书面文件，可以作为基础文档在需要时快速参考。架构或设计解决方案的整体成本更高，可以留在日后处理，而且实际上也没必要在生产中实现。正如取模的案例，我们可以根据需要进行参数的修改和发布，而不需要购买 100 倍的容量。最后，遵循这个过程可以在需求发生前安排好设备采购，这也许需要提前 6 周从主要设备供应商那里订货，或者安排系统管理员跑到本地服务器商店去直接购买。显然，在基础设施即服务（IaaS）的环境下，我们没有必要在需求到来前购买容量，在系统接近所需和接近实时的情况下，可以在部署阶段很容易地把计算资产“旋转”起来。

规则 3——三次简化方案

内容： 在设计复杂系统时，从项目的范围、设计和实施角度简化方案。

场景： 当设计复杂系统或产品时，面临着技术和计算资源的限制。

用法：

- 采用帕累托（Pareto）原则简化范围。
- 考虑成本优化和可扩展性来简化设计。
- 依靠其他人的经验来简化部署。

原因： 只聚焦“不过度复杂”，并不能解决需求或历史发展与沿革中的各种问题。

要点： 在产品研发的各个阶段都需要做好简化。

鉴于规则 1 主要是关于避免超过“有用的”（实际的）需求和降低复杂度，本规则聚焦简化包括从感知需求到实际设计和实施在内的一切。规则 1 是关于抑制某些事情过于复杂的冲动，而规则 3 则是关于试图采用本文所述的方法来进一步简化方案。有时候我们告诉客户把这条规则想成“问三个如何”：如何简化方案范围？如何简化方案设计？如何简化方案实施？

如何简化方案范围

对这个简化问题的答案是不断地应用帕累托原则（也叫 80-20 原则）。收益的 80% 来自于 20% 的工作？对此，直接的问题是，“你收入的 80% 是由哪些 20% 的功能实现的？做得很少（工作的

20%）同时取得显著的效益（价值的80%），解放团队去做其他的工作。如果删除产品中不必要的功能，那么可以做五倍的工作，而且产品并没有那么复杂！减少五分之四的功能，毫无疑问，系统将会减少功能之间的依赖关系，因而可以更高效率和更高本益比地进行扩展。此外，释放出的80%的时间可用于推出新产品，以及投资于思考未来产品可扩展性的需求。

在保持大多数好处的前提下，思考如何减少不必要的功能，在这个问题上，我们并不孤单。以前有个公司叫37signals，现在改名为Basecamp，他们是这个概念的强力支持者，他们曾在《Rework》[6]一书并经常在《You Can Always Do Less》[7]微博上讨论减少工作的必要性和机会。的确，由艾瑞克·里斯提出，并经过马蒂·凯甘传播的"最小化可行产品"的概念，得到了"以最小的努力获得经过验证的最大化客户感知数量"[8]的佐证。这种聚焦"敏捷"的方法允许我们快速发布简单和容易扩展的产品。这样做，我们可以获得更大的产品吞吐量（组织可扩展性），可以花费更多的时间专注于以更具扩展性的方式构建最小产品。因为简化方案覆盖的范围使我们要处理的事情少了，所以可以获得更多的计算能力。如果不相信，你可以回到前面去阅读杰瑞米·金的故事及其总结的经验教训。假如当年eBay团队简化了诸如用户评价子系统的功能范围，V3项目将会以更低的成本、更快的速度，把相对而言同样的价值交付给最终的消费者。

如何简化方案设计

简化后缩窄了的项目范围，可以使后续的设计和实施工作更加容易。简化设计与过度设计的复杂性密切相关。消除复杂性相当于在工作中忽略无关紧要的活动，简化就是寻找一条捷径。规则 1 中的例子说明了在数据库中只查询需要的数据，select (*) from schema_name.table_name became select (column) from schema_name.table_name。简化设计的方法表明，首先要看在本地，像内存这样的信息共享资源中是否已经有了数据请求。消除复杂性涉及做更少的工作，而简化设计涉及更快和更容易地完成工作。

想象一下，我们想要读取一些源数据，并根据该数据的中间特征符号进行一些计算，然后把特征符号和计算结果捆绑在一起存入对象。在许多情况下，这里的每一个动词都可能被分解成一系列服务。实际上，这种方法看起来类似于现在的流行算法 MapReduce。这种方法并不复杂，所以它不违反规则 1。但是，假如我们知道要读取的文件很小，而且不需要跨文件来组合特征字符，那么有可能不把它分解为服务，而是直接通过一个简单的应用来实现更有道理。让我们回到前面考勤卡的例子，如果目标是计算个人的工作小时数，那么克隆多个单体应用来从考勤卡队列读取数据并进行计算就有道理了。简单地说，简化设计的步骤要求以易于理解、低成本、高效益和可扩展的方式来完成工作。

如何简化方案实施

最后，我们来讨论一下实施的问题。与规则 2 的 DID 扩展过程保持一致，我们把实施定义为解决方案的代码实现。这里我们遇到了一些问题，诸如使用递归或迭代是否更有意义。我们是否应该定义一个特定大小的数组，或者准备好在需要时动态地分配内存？

对于解决方案，需要自己研发还是利用开源项目？或者从市场上采购？所有这些问题的答案都指向一个共同的主题：“如何利用其他经验和已经存在的解决方案来简化方案实施？”

因为不可能在每件事上都做到最好，所以我们应该首先寻找被广泛采用的开源或第三方解决方案来满足需求。如果那些都不存在，那么我们应该看看在组织内部是否有人已经准备了可扩展的解决方案来解决问题。在没有专有解决方案的情况下，我们应该再从外部看看是否有人已经描述了一种可以合法复制或模仿的可扩展方案。只有无法在这三项中找到合适的选择情况下，我们才会开始尝试自己创建解决方案。最简单的实施几乎总是那些有过实施经历并通过实践证明了的可扩展方案。

规则 4——减少域名解析

内容： 从用户角度减少域名解析次数。

场景： 对性能敏感的所有网页。

用法： 尽量减少下载页面所需的域名解析次数，但要保持与浏览器的并发连接平衡。

原因： 域名解析耗时而且大量解析会影响用户体验。

要点： 减少对象、任务、计算等是加快页面加载速度的好办法，但要考虑好分工。

本书中的许多规则都聚焦在 SaaS 解决方案的后端架构上，但本规则却让我们考虑客户的浏览器。如果用过任何基于浏览器的调试工具，如火狐的插件 Firebug[9]，或者 Chrome 的标准研发人员工具，当加载服务页面时，你会观察到一些有趣的结果。最可能引起你注意的事情之一是网页上那些大小差不多的对象，其下载时间却不同。仔细分析你会看到有些对象在下载开始时有个额外的步骤，那就是域名解析。

域名服务系统（DNS）是互联网或其他任何使用互联网协议（TCP/IP）的网络基础设施中最重要的部分之一。与电话簿类似，它可以把一个网站的域名（www.akfpartners.com）解析为对应的 IP 地址（184.72.236.173）。域名服务系统由一系列分布式数据库系统构成，其节点被称为域名服务器。层次结构的顶部由根域名服务器组成。每个域至少有一个权威域名服务器用来发布有关该域的信息。

使用多层缓存可以使域名转换为 IP 地址的过程更快完成，缓存部署在包括浏览器、计算机操作系统、互联网服务提供商等许多层级上。今天的网页可能包含来自于多个互联网域的数以百计甚至数以千计的对象，缓存的使用显著地提高了域名解析的性能。因为每个域都需要进行域名解析，如果把这些解析请求都累加起来，用户就会明显地感觉时间延迟。

在深入讨论减少域名解析之前，我们需要在高层次上先了解一下大多数浏览器是怎么下载页面的。这并不意味着要对浏览器进行深入研究，但是了解这些基础知识将有助于优化应用的性能和提高可扩展性。事实上，几乎所有的网页都是由许多不同的对象组成的（图片、JavaScript、CSS 文件等），浏览器就是基于此，通过并发连接拥有同时下载多个对象的能力。浏览器对每个服务器或网关代理的最大持久并发连接数有限制。根据 HTTP/1.1 RFC 协议[10]，这个最大值应该设置为 2。但是，现在有许多浏览器都忽略此限制，把最大值设置成 6 或者更大。我们将基于此功能在下一个规则中讨论如何优化网页的下载时间。我们暂时先聚焦于把网页分解成许多个对象，然后通过多个连接下载。

在网页中，每个不同的域都关联着一个或多个对象，而每个域都需要进行一次域名解析。该解析可能在中间的缓存中完成，也许需要多次往返访问域名服务器。例如，假设我们有一个简单的互联网页面，它包含 4 个对象：（1）HTML 页面本身和指向其他对象的文本和指令，（2）用于布局的 CSS 文件，（3）用于菜单选项的 JavaScript 文件，和（4）JPG 图像。HTML 页面来自于我们公司网站的主域名（akfpartners.com），但是，CSS 和 JPG 则由网站的子域名（static.akfpartners.com）提供，而 JavaScript 连接至谷歌（ajax.googleapis.com）。在这种情况下，浏览器首先接收请求前往 www.akfpartners.com，这需要对 akfpartners.com 域名进行一次解析。在 HTML 下载后，浏览器将对其进行分析，结果发现它需要从 static.akfpartners.com 下载 CSS 和 JPG 文件，这需要进行另一次域名解析。最后，页面文件分析后发现还需要从另一个域下载 JavaScript 文件。取决于浏览器和操作系统中域名服务缓存数据的新鲜程度，域名解析可能从基本上不费什么时间到长达几百毫秒。图 1-1 对这种情况进行了描述。

作为一条通用的规则，网页上的域名解析的次数越少，网页的下载性能就越好。把所有对象都放在同一个域里会带来问题，前面的讨论已经对最大并发连接数的限制做了暗示。我们将在下一个规则中更详细地探讨这个问题。

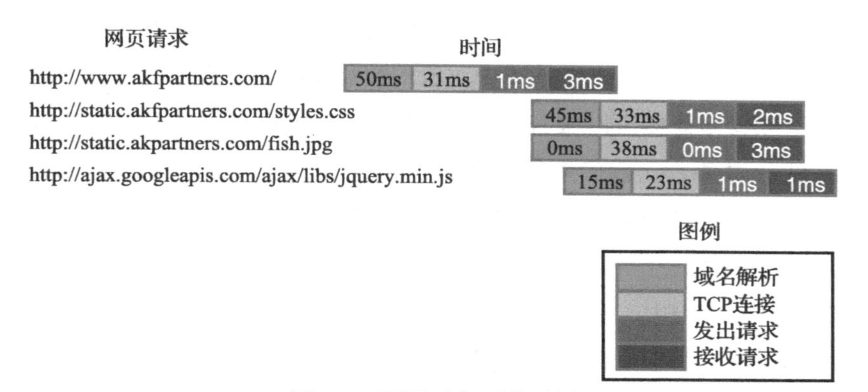

图 1-1　网页对象下载时间

规则 5——减少页面目标

内容：尽可能减少网页上的对象数量。

场景：对性能敏感的所有网页。

用法：

- 减少或者合并对象，但要平衡最大并发连接数。
- 寻找机会减轻对象的重量。
- 不断测试确保性能的提升。

原因：对象数量的多少直接影响网页的下载时间。

要点：对象和服务对象的方法之间的平衡是一门科学，需要不断地测量和调整。这是在客户的易用性、可用性和性能之间的平衡。

正如我们在规则 4 中所讨论的那样，网页包括许多不同的对象

（HTML、CSS、图像、JavaScript 等）。浏览器分别独立下载这些对象，而且这些下载经常是并行的。改进网页性能，从而提高可扩展性的最简单方法之一，是减少对象的数量（页面对象需要较少的服务意味着服务器可以服务更多的网页）。大多数页面最大的违规者是图形对象。让我们来看看谷歌的搜索页面（www.google.com），这是极简主义的典范[11]。在写作本书时，谷歌的页面上只有少量对象，包括几个 .png 文件，还有一些脚本和样式表。在我们非常不科学的实验中，搜索页面的加载时间大约在 300 毫秒之内。我们的客户有一个在线杂志，其网站的主页有 300 多个对象，其中 200 个是图像，平均加载时间超过 12 秒。这个客户并没有意识到页面性能不好使其损失了有价值的读者。2009 年谷歌发布了一份白皮书，声称测试表明搜索延迟如果增加 400 毫秒将使每日搜索量减少大约 0.6%[12]。从那时起，许多客户纷纷向我们表示，用户活跃程度的增加与较快的页面响应相关。

减少页面上的对象数量是提高性能和可扩展性的好方法，但在你动手删除所有的图像之前还有其他的一些事情要考虑。显然首先要把重要信息传达给客户。如果没有图像，网页看起来会像 1992 年万维网的项目页面，据称那是世界上首个互联网的页面[13]。因为需要图像、JavaScript 和 CSS 文件，你的第二个考虑可能是把所有类似的对象都放进一个文件。这个主意不坏，事实上 CSS 图像精灵正是这个目的。图像精灵是把一些小图像组合成一个较大的图像，可以通过 CSS 来单独显示其中的任何一个图像。这样做的好处是图像的请求数量显著减少。回到对谷歌搜索页面的讨论，搜索页面上的两个图片中有一个是精灵，它大约由 20 多个较小的图像所组成，可以独立控制每个小图像的显示[14]。

到目前为止，我们已经介绍了通过减少页面的对象数量以提高性能和可扩展性的概念，但这必须要与需要图像、CSS 和 JavaScript 来支撑的页面相平衡。接下来我们将介绍如何把这些要素组合成单个对象以减少浏览器渲染页面所必需的不同请求的数量。然而另外一方面，把所有的要素都组合成单个对象，将无法充分利用我们在规则 4 中讨论的每个服务器的最大并发持久连接数。回顾一下，从单一域名同时下载多个对象是浏览器的能力。如果所有要素都集中在一个对象中，那么浏览器可以同时下载两个或更多对象的能力无法起作用。现在我们需要考虑把这些对象拆分成几个较小的对象，以便同时下载。添加到方程式的最后一个变量是前面提到的服务器并发持久连接，这将把我们带回到规则 4 有关域名服务的讨论。

浏览器并发连接存在顶限是因为负责提供对象的每个域名服务都存在着资源限制。如果网页上的所有对象都来自单个域名（www.akfpartners.com），那么浏览器的最大并发连接数设置为多少，可以同时下载的对象最多就是多少。如前所述，虽然协议建议这个最大值设置为 2，但许多浏览器已将默认值增加为 6 甚至更高。因此，最好把网页的内容（图片、CSS、JavaScript 等）拆分成足够多的对象数，以充分利用大多数浏览器的该项功能。有一种技巧可以真正充分地利用浏览器的这种功能，那就是把不同的网页对象分别存储在不同的子域名上（例如 static1.akfpartners.com，static2.akfpartners.com 等）。浏览器把这些当成不同的域名对待，并允许每个子域名拥有自己的最大并发连接数。前面提到那个 12 秒页面加载时间的在线杂志客户就采用了该技巧，用 7 个子域名把平均加载时间减少到 5 秒以内。

在本规则和规则 4 中曾论述过，如果不考虑整个页面的重量和构成该页面对象的重量（字节数），那么关于页面速度的讨论将是不完整的。短小精悍是硬道理。有道是水涨船高，因为不断加大的带宽越来越容易获得，所以人们期待网络页面将更加丰富和更有“份量”。保持页面尽可能轻，以取得理想的效果是明智的。在页面必须很重的情况下，采用 Gzip 压缩以减轻页面的传输压力，并把页面的整体响应时间减到最少。

不幸的是，理想的网页应该有多少个对象以及多大重量没有绝对的答案。提高网页性能和可扩展性的关键是测试。这需要在必要的内容和功能、对象大小、渲染时间、总下载时间和涉及的域名数量等要素之间做好平衡。假设页面上有 100 个图像，每个 50KB，把它们组合成一个精灵可能就不是一个好主意，因为直到整个 4.9MB 的对象下载完毕之前，该页面将无法显示任何图像。同样的概念也适用于 JavaScript。如果把所有的 .js 文件合并为一个，那么在整个文件被下载前，页面将无法使用任何 JavaScript 功能。确保拥有最好的页面速度的唯一方法，就是对不同的组合进行测试，直到找到最合适的那个。

总之，页面上的对象越少性能越好，但是这必须与许多其他因素平衡。这些因素包括必须显示内容的大小，可以组合对象的多少，通过添加域名最大化并发连接的数量，页面的总重量以及惩罚是否有帮助等。虽然许多网站的性能改进技术都提及了这条规则，但是真正的重点是如何通过减少页面上的对象来提高性能和网站的可扩展性。除此之外，还应该考虑许多其他的性能优化技术，包括把 CSS 文件加载到页面的顶部、把 JavaScript 文件加载到页面的底部、缩小文件、使用缓存、延迟加载等。

规则 6——采用同构网络

内容： 确保交换机和路由器源于同一供应商。

场景： 设计和扩大网络。

用法：

- 不要混合使用来自不同 OEM 的交换机和路由器。
- 购买或者使用开源的其他网络设备（防火墙、负载均衡等）。

原因： 节省的成本与间歇性的互用性及可用性问题相比不值得。

要点： 异构网络设备容易导致可用性和可扩展性问题，选择单一供应商。

作为一家公司，我们信奉技术不可知论，这意味着我们相信如果有正确的架构和部署，几乎任何技术都可以实现扩展。这种不可知论的范围包括从对编程语言的偏好到数据库供应商，直至硬件设备。但是对网络设备（诸如路由器和交换机）需要特别小心。几乎所有的供应商都声称在他们的设备上实现了标准协议（例如，互联网控制消息协议 RFC 792[15]，路由信息协议 RFC 1058[16]，边界网关协议 RFC 4271[17]），允许来自不同供应商的设备之间进行通信，但是许多供应商也在其设备上实现了专有协议，如思科的增强型内部网关路由协议（EIGRP）。在我们的实践中，以及我们的许多客户那里，我们发现每个供应商对如何实现标准协议的解释经常是不同的。做一个类比，如果你曾经研发过网站页面的用户界面，并在诸如 Internet Explorer、Firefox 和 Chrome 等不同的浏览器上做过测试，那么你已经亲身了解了同一标准的不同实现会有多么大的不同。现在，想象一下如果同样的情况发生在网络内部会怎么样？把供应商 A 的网络设备与供应商 B 的网络设备混合使用是自找苦吃。

这并不是说我们偏爱某个供应商。只要供应商能提供一个可供参考的标准，其设备被网络流量比你大的客户使用，那么我们就没有什么问题。这个规则不适用于诸如集线器、负载均衡器和防火墙这样的网络设备。我们所关心的同构性网络设备，是指那些能够彼此通信以完成网络流量路由的设备。对于可能包含或不包含的所有其他网络设备，例如，入侵检测系统（IDS）、防火墙、负载均衡器和分布式拒绝服务保护设备（DDOS），我们的建议是选择最好的。对于这些设备，从功能、可靠性、成本和服务角度比较，选择最能满足你需要的供应商。

总结

本章围绕的是简化这个主题。讨论了防止复杂性（规则 1），以及从初始需求或历史沿革开始简化产品直到最终实施的每一步（规则 3），所得到的产品从技术角度来看容易理解，因此也容易扩展。如果尽早考虑扩展（规则 2），即使不实施，我们仍然可以根据业务的需要做好解决方案。规则 4 和规则 5 教导我们通过减少对象的数量和减少下载对象所必需的域名解析，来减少浏览器必需要完成的工作。规则 6 教导我们要保持网络的简单和同构，以减少混合网络设备可能引起的可扩展性和可用性问题的机会。

注释

1. " eBay Announces Fourth Quarter and Year End 2001 Financial Results, " http://investor.ebay.com/common/mobile/iphone/releasedetail.cfm?releaseid= 69550&CompanyID=ebay&mobileid=.
2. Walmart Annual Report 2001, http://c46b2bcc0db5865f5a76-91c2ff8eba65983a1c33d367b8503d02.r78.cf2.rackcdn.com/de/18/2cd2cde44b8c8ec84304db7f38ea/2001-annual-report-for-walmart-storesinc_130202938087042153.pdf.
3. " Amazon.com Announces 4th Quarter Profit 2002, " http://media.corporate-ir.net/media_files/irol/97/97664/reports/q401.pdf.
4. " Important Letter from Meg and Pierre, " June 11, 1999, http://pages.ebay.com/outage-letter.html.
5. Wikipedia, " Overengineering, " http://en.wikipedia.org/wiki/Overengineering.
6. Jason Fried and David Heinemeier Hansson, ***Rework*** (New York: Crown Business, 2010).
7. 37signals, "You Can Always Do Less," Signal vs. Noise blog, January 14, 2010, http://37signals.com/svn/posts/2106-you-can-always-do-less.
8. Wikipedia, " Minimum Viable Product, " http://en.wikipedia.org/wiki/Minimum_viable_product.
9. To get or install Firebug, go to http://getfirebug.com/.
10. R. Fielding, J. Gettys, J. Mogul, H. Frystyk, L. Masinter, P. Leach, and T. Berners-Lee, Network Working Group Request for Comments 2616, " Hypertext Transfer Protocol—HTTP/1.1, " June 1999, www.ietf.org/rfc/rfc2616.txt.
11. The Official Google Blog, "A Spring Metamorphosis—Google's New Look," May 5, 2010, http://googleblog.blogspot.com/2010/05/spring-metamorphosis-googles-new-look.html.
12. Jake Brutlag, " Speed Matters for Google Web Search, " Google, Inc., June 2009,

http://services.google.com/fh/files/blogs/google_delayexp.pdf.

13.World Wide Web, www.w3.org/History/19921103-hypertext/hypertext/WWW/TheProject.html.

14.Google.com, www.google.com/images/srpr/nav_logo14.png.

15.J. Postel, Network Working Group Request for Comments 792, "Internet Control Message Protocol," September 1981, http://tools.ietf.org/html/rfc792.

16.C. Hedrick, Network Working Group Request for Comments 1058, "Routing Information Protocol," June 1988, http://tools.ietf.org/html/rfc1058.

17.Y. Rekhter, T. Li, and S. Hares, eds., Network Working Group Request for Comments 4271, "A Border Gateway Protocol 4 (BGP-4)," January 2006, http://tools.ietf.org/html/rfc4271.

第2章　分而治之

2004年，ServiceNow的创始团队（最初称为Glidesoft）构建了一个称为“滑翔”（Glide）的通用工作流平台。在寻找可以应用该平台的行业时，团队发现建立在信息技术基础设施库（ITIL）上的信息技术服务管理（ITSM）领域有机会可以通过PaaS服务（平台即服务）一展身手。在这个领域里已经存在着竞争对手，像Remedy这样的以本地软件形式存在的潜在替代者，团队认为像Salesforce公司这样成功的客户关系管理（CRM）解决方案对在线ITSM解决方案有很好的启发意义。

2006年，为了能更好地代表其在ITSM解决方案领域为买家需求提供解决方案，公司更名为ServiceNow并在2007年开始盈利。与许多初创公司不同，ServiceNow在其创立初期就体会到了面向扩展设计、实施和部署的价值。最初的解决方案设计包括故障隔离（参见第9章）和Z轴客户拆分（本章将涉及）。这种故障隔离和客户拆分允许公司通过扩展获得早期的盈利能力，同时避免了很多早期SaaS和PaaS产品常见的噪音临近问题。此外，该公司重视由多租户模式所带来的成本效益，尽管他们沿着客户边界创建故障隔离区，但是他们仍然为不需要完全隔离的较小客户设计解决方案，使这些客户可以在数据管理系统（DBMS）内利用多租户系统。最后，该公司既重视外部视角提供的洞察力，也珍惜经验丰富的员工所固有的价值。

ServiceNow 与 AKF 合作伙伴通过多项合作来帮助他们思考未来的架构需求，最终聘请了 AKF 的一位创始合伙人汤姆·凯文来充实他们已经很有才华的技术团队。“我们从产品发布之日起就拥有令人难以置信的可扩展性。”汤姆说，“沿着客户边界使用 AKF 的 Z 轴扩展去拆分，以确保我们能够满足早期的需求。但随着客户基数的增长，客户平均规模的不断增加而且超越了早期的小型使用者，我们开始服务更大的财富 500 强公司，工作量的特征也在改变，每个客户的平均用户数量急剧增加。所有这些导致每个客户要执行更多的事务并且存储更多的数据。此外，我们不断扩展功能的范围，每次发布都为客户带来更大的价值。这种功能扩展意味着对大型和小型客户的系统都提出了更大的需求。最后，我们在 MySQL 的单个数据库下运行多个模式或数据库遇到了一个小问题。具体地说，在每个数据库实例上有 30 个大容量租户时，MySQL 中的目录功能（有时在技术上称为信息模式）开始出现资源争用现象。

汤姆·凯文在构建基于网络的产品方面积累了独特的经验，从如日中天的 Gateway 电脑到像 eBay 和 PayPal 这样疯狂的互联网初创公司，同时他还有数个其他 AKF 客户的经验，这些积累使他特别适合帮助解决 ServiceNow 的挑战。汤姆解释道，“数据库目录问题很容易解决。对于非常大的客户，我们直接为每个客户分配一个专用的数据库，从而减少隔离区中的故障突发半径。中型客户可能有 30 个以下的租户，小型客户可以继续使用大量租户共享的系统（更多内容参见第 9 章）。AKF 扩展立方体既有助于抵消日益增长的客户规模，也能满足急剧膨胀的快速功能扩展和价值创造的需求。对于具有海量事务处理需求的大客户，我们通过将数据复制到只读数据库整合了 X 轴。报表通常只读不写，属于计算密集型和 I/O 密集型，利用只读数据库的配置，我们可以在复制的数据库上执行 SQL 语句，这对在线事务处理（OLTP）数据库没有任何影响。报告功能代表 Y 轴拆分（服务 / 功能或基于资源），我们通过 Y 轴的服务拆分，实现额外的基于服务的故障隔离、更大的数据缓存、更快的研发人员吞吐量。所有这些 X、Y 和 Z 轴拆分使我们在基础设施和为任何类型的客户购买类似的商业化系统中保持一致。需要更多的处理能力吗？X 轴将允许我们轻松而且快速地扩展以增加交易量。如果发现数据库的数据操作开始变得迟缓，架构允许我们降低租户的密度（Z 轴），或者通过拆分（Y 轴）把某些服务迁移到其他类似的硬件上。

本章讨论通过克隆和复制的方法扩展数据库和服务，分离功能或服务以及跨存储和应用分拆相似的数据集系统。有了这三种方法，就能够把几乎任何系统或数据库扩展到接近无限的水平。在这里使用“接近”一词略显保守，但是在我们跨越数百家公司和数千个系统的经验中，目前这些技术还没有过失败的先例。为了帮助大家更加直观地了解这三种扩展的方法，我们采用了 AKF 扩展立方体来帮助讨论，这个立方体是我们专门抽象出来用于解释系统扩展方法的。图 2-1 显示了 AKF 扩展立方体，它是以我们合作伙伴的名字（AKF Partner）来命名的。

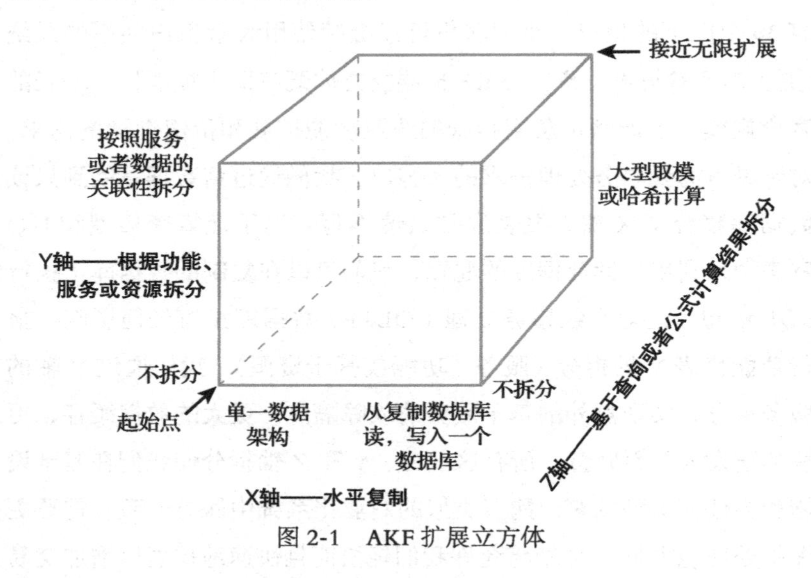

图 2-1　AKF 扩展立方体

AKF 扩展立方体的核心是三条简单的轴，每条轴都有一套相关的可扩展性规则。立方体是表示从最小规模（立方体的左前下角）到接近无限可扩展性（立方体的右后上角）的扩展路径的好方法。有时，去掉立方体受限的空间可以更容易看到这三条轴。图 2-2 显示了这三条轴及其配套的规则。本章将对三个规则进行详细的讨论。

并不是每个公司都需要 AKF 扩展立方体所有的能力（所有三条轴）。对于我们的许多客户，X、Y 或 Z 轴之一的拆分就可以满足他们十多年的需要。但是当你取得像 ServiceNow 这样的病毒式快速增长产品的成功时，就很可能需要本章将要讨论的两个或多个拆分。

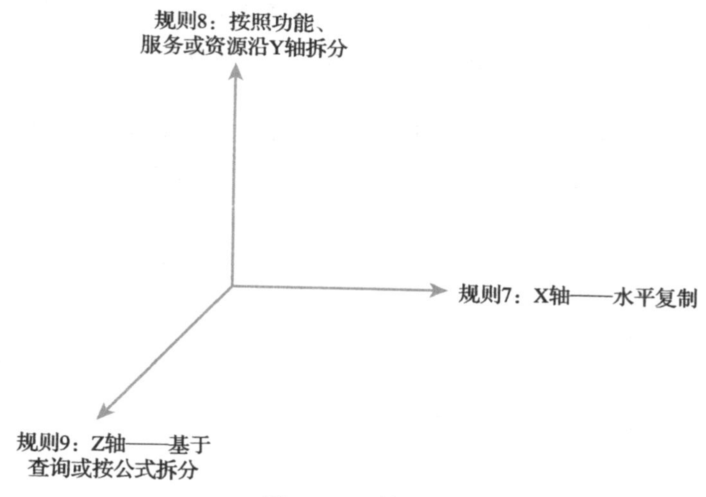

图 2-2 三轴扩展

规则 7——X 轴扩展

内容： 通常叫水平扩展，通过复制服务或数据库以分散事务处理带来的负载。

场景：

- 数据库读写比例很高（可以达到至少 5∶1 甚至更高——越高越好）。
- 事务增长超过数据增长的系统。

用法：

- 克隆服务的同时配置负载均衡器。
- 确保使用数据库的代码清楚读和写之间的区别。

原因：以复制数据和功能为代价获得事务的快速扩展。

要点：X轴拆分实施速度快，研发成本低，事务处理扩展效果好。然而，从运维角度来看，数据的运营成本比较高。

在扩展问题的解决方案中最困难的部分经常是数据库或持久存储层。这个问题的起源可以追溯到埃德加·康德在1970年发表的论文“大型共享数据银行的数据关系模型”[1]，关系型数据库管理系统（RDBMS）概念的引入归功于此。顾名思义，当今最流行的关系型数据库（如Oracle、MySQL和SQL Server）允许数据元素之间存在着关系。这些关系既可以存在于表内，也可以存在于表与表之间。OLTP系统中的大多数表都可以规范为第三范式[2]，每个表的所有记录都有相同的字段，非关键字段必须完全依赖于主键，而不能只依赖于主键的一部分，而且所有的非关键字段都必须直接依赖于主键。每个数据都和表中的其他数据相关联。表与表之间也会存在着外键关系。因为ACID属性，许多应用都依靠数据库来支持和强制这些关系（见表2-1）。要求数据库保持和强制这些关系意味着如果不投入大量的技术资源，这种数据库将很难拆分。

表2-1 数据库的ACID属性

属性	描 述
原子性	要么完全执行事务的所有操作，要么完全不执行任何操作
一致性	当事务开始执行操作时，数据库将处于一致的状态
隔离性	事务执行时，好像是数据库中唯一在执行的操作
持久性	当事务执行完成后，它对数据库的所有操作都是不可逆转的

数据库扩展的一个技巧是利用大多数应用对数据库的读操作远

远多于写操作。我们有一个处理订票业务的客户，平均每完成一个订票交易需要 400 个查询。每个订票交易是数据库的一个写操作，而每个查询是数据库的一个读操作，由此得出 400∶1 的读写比例。这种类型的系统可以通过复制只读数据的办法实现扩展。

根据数据对时间的敏感性，我们有几种不同的方法来分散只读数据。时间敏感性指的是与写数据库相比，只读数据库的拷贝有多么新鲜或者有多大比例完全准确。在你大声要求数据必须是即时、实时、同步和完全准确之前，先喘口气估算一下这种系统的成本。尽管完全同步的数据是理想的，但是它成本巨高。另外，它并不是总能带给你所期待的回报。第 5 章中的规则 19 将会深度讨论成本与结果对产品可扩展性的影响。

让我们来重新审视那个客户的订票系统，其中每个写操作伴随着 400 次读操作。因为他们是提供订票服务的，所以你可能会认为显示给客户看的数据将是完全同步的。新手为此可能会准备 400 份数据拷贝，并与客户订票所需要的那份数据同步。如果只因为与主交易数据库不同步，存在着 3 秒、30 秒或者 90 秒的时间差，这并不意味着错误，只是有可能不准确。在任意一个时刻，我们那位客户的系统中可能有 10 万条数据，每天的订票会涉及 10% 的数据。假设这些订票活动均匀地分布在一天的时间范围里，那么平均每秒钟（0.86 秒）会有一个订票业务发生。上天对每个人都是公平的，某个客户想要预订的位置被其他客户抢走了的概率是 0.104%（假设数据每 90 秒同步一次）。当然，即使只有 0.1% 的概率，客户还是有可能选中已经被人抢走的位置，尽管这不太理想，但是仍然可以在客户把选择的座位放入购物车之前，以在应用中做最终检查的方式来进行规避。诚然，每个应用的数据需求都是不一样的，但是我们希望通过这个讨论，理解如何拒绝所有数据都必须实时同步的想法。

讨论完了数据的时间敏感性，让我们来看看分散数据的几种方法。一种方法是在数据库的前面加缓冲层。让读操作从对象缓存中取数据，而不是通过应用反复查询数据库。只有当相关的数据被标注为过期时，才会查询主要事务型数据库，从而检索数据和更新缓存。如果系统的可用性非常好，我们强烈推荐第一步采用开源的键值存储作为对象缓存方式。

下一步是数据库复制，这超越了应用层和数据库层之间的对象缓存。大多数的关系型数据库系统都能非常好地支持某种类型的复制。许多数据库通过主从方式来实现复制，主数据库是负责写入的主要事务型数据库，而从数据库是主数据库的只读副本。主数据库不断地跟踪数据的更新、插入、删除，并把记录存入一个二进制日志。从数据库从主数据库那里获得二进制日志后，在从数据库上重新执行这些命令。这是一个异步的过程，数据之间的时间延迟，取决于主数据库插入和更新的数据量。以我们的客户为例，每秒同步一次就可以应对每天 10% 的数据变化。这个数据的变化量足够低，可以维持低延迟的从数据库。这种实施经常包括配置在负载均衡器后面的几个从数据库或者读数据库拷贝。应用向负载均衡器发出读取请求，负载均衡以轮询或者最少连接数的策略把请求传递给从数据库。有些数据库更进一步允许以主主的概念进行复制，其中任意数据库都可以用来读或写。同步的进程有助于确保主数据库之间数据的一致性与连贯性。虽然这项技术已经存在很久，我们更喜欢依赖于单个写数据库的解决方案，这有助于消除混淆和避免数据库之间的逻辑争用。

我们把这种拆分（复制）称为X轴拆分，在图2-1的AKF扩展立方体上标为X轴——水平复制。举个熟悉网络应用托管的许多研发人员都会明白的例子，我们在一个系统的网络层或应用层，可以在负载均衡器的后面运行多个具有相同代码的服务器。请求进入负载均衡器后被分配到众多网络或应用服务器中的任何一个来完成后续的处理。这种应用层上的分布式模型的好处在于你可以在负载均衡器的后面配置几十、几百甚至几千台服务器，而所有这些机器都运行着相同的代码同时处理着类似的请求。

X轴拆分不仅仅可以应用于是数据库。通常可以很容易地克隆网络服务器和应用服务器。这种克隆允许事务在系统之间均匀地分布以实现水平扩展。克隆应用或网络服务相对来说比较容易，允许我们扩大事务的处理量。不幸的是，它并没有真正地帮助我们，当试图扩大数据规模时，我们必须要巧妙地控制才能够处理这些事务。内存中的缓存数据与几个独特客户或一些独特功能相关联可能就会出现瓶颈，结果使我们无法在不显著影响客户响应时间的情况下有效地扩展服务。为了解决这些内存约束，我们将着眼于扩展立方体的Y轴和Z轴。

规则8——Y轴拆分

内容： 有时也称为服务或者资源扩展，本规则聚焦在沿着动词（服务）或名词（资源）的边界拆分数据集、交易和技术团队。

场景：

- 数据之间的关系不是那么必要的大型数据集。
- 需要专业化拆分技术资源的大型复杂系统。

用法：

- 用动词来拆分动作，用名词拆分资源，或者两者混用。
- 沿着动词/名词定义的边界拆分服务和数据。

原因： 不仅允许事务及其相关的大型数据集有效扩展，也支持团队的有效扩展。

要点： Y轴或者面向数据/服务的拆分允许事务和大型数据集的有效扩展，有益于故障隔离。Y轴拆分也有助于减少团队之间的非必要沟通。

当你放下了关于以服务为导向（SOA）和以资源为导向（ROA）架构的狂热辩论，转而深入了解其基础前提时，就会发现二者至少有一个共同点。这两个概念都在迫使架构师和工程师思考他们在架构内的职责分工。宏观地看，他们想通过动词（服务）和名词（资源）的概念做到这一点。规则8与扩展立方体的第二个轴不谋而合，采取了相同的方法。简单地说，规则8是通过在网站内部拆分不同的功能和数据从而实现扩展的方法。规则8的简单方法告诉我们用名词或动词或二者的组合来拆分产品。

首先，我们用动词的方法来拆分。如果是相对简单的电子商务网站，我们可以把网站分解为注册、登录、搜索、浏览、查看、添加到购物车和购买几个必要的动词。执行某种事务所需要的数据可以明显不同于执行其他事务所需要的数据。例如，虽然注册和登录需要相同的数据，但各自也存在一些独特的数据。注册可能需要检查用户的首选ID是否已被其他人选用，而登录可能不需要完整地了解每一个其他用户的ID。注册可能需要把大量的数据写入永久性的数据存储，但登录可能是一个验证用户凭据的读取密集型的应用。注册会要求用户存储大量的包括信用卡号码在内的个人可识别信息（PII），而登录不太可能需要访问所有这些信息。

当我们分析搜索和登录这样迥然不同的功能时，这种扩展方法的差异和由此而产生的机会变得甚至更加明显。在登录的情况下，我们主要关注的是验证用户的凭据和建立可能像会话这样的一些东西（第10章中的规则40会详细解释为什么我们要选择“会话”而非“状态”）。登录与用户有关，因此需要缓存和该用户有关的交互数据。另一方面，搜索关注的是寻找一个商品，最关心的是用户的意图（通常在一个搜索框里输入搜索字符串、查询或搜索条件）和目录列出的商品。拆分这些数据可以使我们在有限的内存中缓存更多的数据，因此缓存的命中率更高，系统可以更快地处理事务。在后端的持久化系统（如数据库）中拆分这些数据，将使我们能够在这些系统中投入更多的“内存”空间，更快地响应客户的请求（应用服务器）。更好地利用系统资源促使这两个系统有更快的响应速度。显然，我们现在可以很容易地扩展这些系统而且较少受内存的限制。此外，通过和规则7（X轴扩展）一样的方式拆分事务，Y轴增加了事务的可扩展性。

等一下！在推荐产品的情况下，如果我们想要合并用户和产品信息，应该怎么办？请注意，我们刚刚添加了另一个动词——推荐。这给了我们另一个进行数据和事务拆分的机会。我们或许会增加一个推荐服务，根据过去的购买行为进行异步评估有类似购买行为的用户。这可能会在登录功能或搜索功能中相应地准备数据，当用户与系统交互时把这些数据显示出来。或者它是一个来自于浏览器的独立的同步调用，其结果显示在推荐专区。

现在我们来看看如何使用名词进行拆分。继续以电子商务为例，可以确定某些最终将采取行动的资源（不是我们采取的行动）。假设我们的电子商务网站是由产品目录、产品库存、用户账户信息和营销信息等组成。使用名词的方法，我们可能决定把数据按类拆分，然后定义一组有关操作的高层次的原语，如创建、读取、更新和删除。

Y 轴拆分对数据集的扩展最有价值，但同时对代码库的扩展也很有用途。随着服务或资源的拆分，我们所执行的操作和支持这些操作所必需的代码也会被拆分。这意味着研发复杂系统的非常大的技术团队可以变成这些系统子集的专家，而且再也不需要担心所有其他的子系统或者成为所有其他子系统的专家。每个团队可以在其服务中建立接口（如 API）。如果每个团队都“拥有”自己的代码库，我们就可以减少与布鲁克斯定律相关的通信开销。布鲁克斯定律中的一条是研发者的生产力随着团队规模的增加而减少[3]。协调团队努力的沟通成本是团队规模的平方。因此，随着团队规模的不断加大，研发人员的生产力不断降低，因为研发人员把越来越多的时间花费在协调上。我们可以通过拆分团队和行使所有权来降低这样的开销。当然正是因为拆分了服务，所以才可能相当容易地扩展事务。

规则9——Z轴拆分

内容： 经常根据客户的独特属性（例如ID、姓名、地理位置等）进行拆分。

场景： 非常大而且类似的数据集，如庞大而且增长快速的客户群，或者当响应时间对在地理上广泛分布的客户变得很重要的时候。

用法： 根据所知道的客户的属性（例如ID、名，地理位置或设备）对数据和服务进行拆分。

原因： 客户的快速增长超过了其他形式的数据增长，或者在扩展时，需要在某些客户群之间进行必要的故障隔离。

要点： Z轴拆分对扩大客户基数的效果明显，也用在其他那些无法使用Y轴拆分的大型数据集上。

规则9通常被称为分片，是关于把一个数据集或服务分割成几块的。通常这些块的大小相同，如果保持几个大小不一的块或碎片有价值，那么也可以这么做。保持块的尺寸大小不一的一个理由是为了适应应用发布，这样可以通过先把代码发布到含有少量客户的一个小块来控制风险，当感觉已经发现并解决了主要的问题后，再发布给含有大量客户的其他块。这也是让我们观察和发现问题的一个重要方法——先把代码发布到规模较小的块上，如果所发布的产品没有达到预期的效果（或者你想通过早期的发布了解用户对某个功能的使用情况），可以在大规模发布之前迅速修正和优化产品。

分片经常通过我们已知的请求者或客户的某些信息特征来完成。假设我们是一个考勤卡和提供考勤跟踪服务的SaaS提供商。

我们负责跟踪客户每名员工的时间和出勤情况，这些都是超过1000名员工的企业级客户。我们或许能够确定很容易地把系统按照公司分片，这意味着每个公司都可以拥有自己专用的网络、应用和数据库服务器。假设我们想利用多租户模式来降低成本，同时还想让多个小公司共享一个分片。拥有许多员工的大公司可能有专用硬件，而员工较少小的小公司可能聚集在大量分片上。我们已经借助员工和公司之间存在着关联的事实建立了可扩展的分片系统，这将使我们可以通过采用更小、成本更低的硬件来实现水平扩展（我们将在下一章进一步讨论规则10中提到的水平扩展）。

也许我们是手机广告服务的提供商。在这种情况下，我们很有可能知道一些关于用户的终端设备和运营商的信息。我们可以根据这两种数据的显著特点来进行数据的分片。如果我们是一个电子商务公司，可能会根据用户的地理位置分片，以便更有效地利用配送中心的可用库存，并使电子商务网站给予最快的响应时间。或者，基于近因、频率和购买变现来创建数据分片，使我们能够均匀地分散用户。或者，如果所有其他的方法都失败了，也许我们可以通过对在注册时指定给用户的ID取模或散列算法来产生分片。

为什么我们会决定把类似的东西分片？对于超高速增长的公司，答案显而易见。响应任何用户请求的速度至少部分是由本地或远程缓存的命中率决定的。这个速度告诉我们在任意给定的系统上可以处理多少个事务，也决定了我们需要处理多少个这样的系统。在极端情况下，如果没有数据的分片，事务处理可能会因为要为单个用户的一个答案试图遍历大量的单片数据而变得异常痛苦和缓慢。当速度变得最为重要，并且响应任何请求所涉及的数据量都很大时，拆分不同的东西（规则8）和拆分类似的东西（规则9）就很有必要了。

拆分类似的东西显然不仅局限于客户，客户只是在我们的咨询实践中最常见和最容易按照规则9实施的。有时候，我们也建议拆分产品目录。但是，当拆分不同的目录，比如草坪座椅和尿布时，我们经常会将它们归为拆分不同的东西。我们也曾帮助客户通过取模或哈希算法拆分他们的系统事务ID。在这些情况下，我们真的对请求者一无所知，但我们知道单调递增的数字。可以在记录事务以留待未来参考的系统中进行这种类型的拆分，比如保留错误记录以待未来评估的系统。

总结

我们认为使用三个简单的规则就可以助你的扩展所向无敌。沿着X、Y和Z轴的扩展都各有优势。从软件设计和研发的角度考虑，通常X轴扩展的成本最低，Y和Z轴的扩展方案的设计有点儿挑战性，但有更多的灵活性，可以进一步拆分服务、客户甚至技术团队。毋庸置疑，系统和平台的扩展还有更多方法，但是如果武装了这三条规则，几乎没有可扩展性相关的问题会挡你的路。

- **通过克隆扩展**——通过克隆或复制数据和服务使你很容易地扩展事务。
- **通过拆分不同的东西来扩展**——通过名词或动词标识来拆分数据和服务。如果正确完成，可以有效地扩展事务和数据集。

- **通过拆分类似的东西来扩展**——通常是客户数据集。依据客户属性拆分客户数据，形成独特和隔离的数据分片或者泳道（参见第 9 章），以实现事务和数据的扩展。

注释

1. Edgar F. Codd, "A Relational Model of Data for Large Shared Data Banks," 1970, www.seas.upenn.edu/~zives/03f/cis550/codd.pdf.
2. Wikipedia, " Third Normal Form, " http://en.wikipedia.org/wiki/Third_normal_form.
3. Wikipedia, "Brooks' Law," https://en.wikipedia.org/wiki/Brooks'_law.

第3章 水平扩展

在实践中，我们经常告诉客户，“向上扩展注定会失败”。这是因为在超高速增长的环境里，公司计划以水平方式扩展（又称之为向外扩展）至关重要。大多数情况下，这是通过对跨越多个系统工作负荷的拆分或者复制完成的。数据拆分的实施，类似我们在第2章中描述的众多方法中的一种，当超高速增长的公司无法扩展时，他们唯一的选择就是购买更大和更快的系统。当由最昂贵的系统提供商所提供的最快和最大的系统遇到扩展瓶颈时，这些公司就遇上了大麻烦。这是1999年eBay受到伤害的根本原因，十多年后的今天我们仍然能够在客户的业务中看到它的影子。扩展的限制和矛盾不仅是物理问题。它们更多是由逻辑争用所引起的，更大和更快的硬件根本无法解决。在深入讨论这个话题之前，让我们先听听一位首席技术官是如何从防火墙的实施过程中吸取这方面教训的。

克里斯·施瑞穆斯是医疗财务管理公司ZirMed的首席技术官，他们提供的服务使医疗保健组织能够通过一个全面的端到端平台，在优化其收入的同时保障患者们（客户）的健康。因为ZirMed

系统需要处理患者的敏感数据（PII），所以受到医疗电子交换法案（HIPAA）的约束，克里斯和他的团队设计的数据中心网络具有非常严格的防火墙策略。系统的网络层和应用层之间的通信需要通过防火墙。克里斯回忆道，“我们原来的设计要求部署两套非常强大的防火墙，可以透视产品中的每个子网。在公司规模很小的时候，系统运行得很不错。每当系统接近容量阈值时，可以不断地添加硬件设备来扩大容量。于是我们不停地购买更大的设备。从早期非常小的设备开始，到后来持续不断地向上扩展。在最终改变防火墙设备模式之前，已经变成两个巨大的运营商级别的设备了。这些设备每箱配备了四个刀片服务器。”

两台设备被配置成高可用性（HA）模式，供应商声称这种配置允许服务在故障发生时可以无缝转移。不幸的是，ZirMed的产品在会话期间依赖状态，并且会话状态无法在一对防火墙之间做优雅失败的平滑配置。克里斯继续说，“防火墙供应商一直在跟我们说，在机箱之间有一个高速网络，可以保持所有的套接字和会话，因此可以完成无缝故障转移。但是他们所说的无缝与我所说的无缝完全不同，因为每次应用失败都会出现套接字短暂停止连接的问题，所以造成网络服务器在尝试重新连接数据库时出错。事实上，直到这时候我们才知道供应商配置了相对积极的故障转移策略。如果设备运行中单机配置，该策略只在系统出现危机的最后一步重新启动，而当它在高可用配置下配对运行时，就更加积极，当主机上有风吹草动时，会启动故障转移把防火墙转移到备机。所以系统在双节点高可用状态运行时，设备的故障率比单节点运行时高。这反过来给应用带来了很多麻烦。”

因为其实施的复杂性，ZirMed 还被防火墙的其他问题所困扰。“我们使用内容可寻址存储系统，它依赖于网络多播协议，消息要跨越所有的节点，以通知它们。”克里斯解释说，“我们尝试过把那部分拆分出来，而且自认为已经拆出来了，但实际上并没有做到。所有的 UDP(用户数据报文协议）流量都要通过防火墙。最终，UDP 流量把防火墙压倒了，结果连发出的连接请求都无法进入刀片服务器，因为我们无法看到这一点，所以不得不把供应商请过来查看。这个系统太过复杂，有底盘，还有很多刀片服务器分布在各处，我们搞不清楚这个系统是如何工作的。”

克里斯和他的团队开始讨论，是否应该选择不同的供应商，购买另外一对更大的防火墙，但是后来他们有些如梦方醒。克里斯说，“当构建软件时，我们清楚地知道必须要向外扩展而不是向上扩展。为什么在购买硬件的过程中不采用相同的方法呢？正是这个简单的问题使团队彻底改变了思路。最终，我们从越来越大的全面防护变成现在针对性很强和更小的防火墙实施。”

在 ZirMed 的新设计中，他们实施了四对防火墙。虽然略多，但从管理角度来看，设备本身要简单得多。在这里我们再次看到了令人不安的“复杂性”。更多的设备等于系统更复杂，因为更多的设备需要更多的管理和监督。但是从另外一个角度来看，更多的设备等于更低的复杂性，因为总体故障率降低，需要管理的事件减少。“我们现在有更小的设备，供应商们知道如何把它们构建得非常非常好，”克里斯指出。“这些防火墙很简单。我们完全掌握这些设备。它也使我们对这些设备上运行的内容了解得更多，更重要的是，现在的设计允许设备数量从 4 个增加到 6 个、8 个、10 个或 12

个，或任何我们需要的容量。我们还可以继续添加单个设备，隔离出不同的网络分区。当然，我们必须做一些防火墙规则的调整，但是它允许我们在硬件层向外扩展，而不是向上扩展。”

向外扩展而不是向上扩展的好处很多。克里斯总结说：“我们已经看到了巨大的胜利，胜利太多，甚至以我们不太明白的方式取得成功。我们计划把研发环境建立防火墙规则的工作交给应用技术团队。他们没必要是防火墙专家。他们可以动手建立防火墙规则然后通过评审，因为我们知道在这些规则被推送到生产环境之前，网络工程师将会审查，因为我们广域网的防火墙阻止了外部的流量，所以这么做并没有增加风险。这不仅让扩展更加灵活，而且也使防火墙的管理更加灵活，这些体现在把能力有效地赋予团队。”

听了克里斯是如何意识到向外而不是向上扩展的重要性，现在让我们讨论一下有关这个主题的一些规则。本章将围绕着如何把系统设计为水平扩展，而非向上扩展的思路展开讨论，包括使用商品化硬件，以及如何把这个概念应用到数据中心。

规则 10——向外扩展

内容：向外扩展是通过复制或拆分服务或数据库而分散事务负载的方法，与此相对的是向上扩展，即通过购买更大的硬件而实现的扩展。

场景：任何预计会迅速增长或想追求低成本高效益的系统、服务或数据库。

用法：用 AKF 扩展立方体因地制宜确定正确的拆分方法，通常最简单的是水平拆分。

原因： 以复制数据和功能为代价实现事务的快速扩展。

要点： 让系统向外扩展，为成功铺好路。期待能向上扩展，结果却发现自己跑得越来越快，已经无法再购买到更快和更大的系统，千万不要掉进这个陷阱。

当客户和事务快速增长，而系统却无法扩展到多台服务器时，该怎么办？在理想的情况下，可以分析各种选项，不是购买更大的服务器，就是投入研发资源使产品可以在多台服务器上运行。能在所有层级上让产品运行在多个服务器上叫做向外扩展。不断地在更大的硬件上运行任何层级的系统就是向上扩展。在方案分析中，可能会根据投资回报率（ROI）决定购买更大的服务器，而不是投入研发资源来修改应用，因为这么做的成本更低。虽然我们认为决策分析的方法较好，但是，对快速增长的公司和产品来说，这样的决策有缺失，以我们的经验，即便是对温和增长的公司，这样的决策也存在问题。

这样的分析中最常见的错误是，未能分析底层硬件和基础设施的更新换代周期。把一台64位服务器的处理器从两个八核升级到四个八核，从成本比例上看与得到的计算资源改进一致（大致是成本的两倍，改善结果有可能略低于阿姆达尔定律所估算的两倍）。当我们继续购买更大的有更多处理器的服务器时谬误就出现了。成本与计算处理能力的曲线是一个幂律，较大服务器所带来的处理能力的增加与成本增加不成比例（见规则11）。假设公司不断取得成功和成长，你将继续沿着曲线购买更大的系统。虽然可能预测技术更新的时间，但将被迫在一个令人难以置信的高价位购买系统，相反，如果有水平扩展的架构，那么就可以购买相对更便宜的系统。总的来说，总资本支出明显增加。通过投入技术资源解决这个问题的成本当然会随着代码规模和系统复杂度的增加而增加，但这个成本应该是线性的。因此分析的结论应该是立即花时间修改代码以向外扩展。

使用某大型服务器供应商所提供的在线定价和配置实用程序，图 3-1 中显示了七台服务器的成本，除了处理器及其内核越来越多外，服务器的其他配置（内存、磁盘等）都尽可能相近。不可否认，从计算资源角度看，两个四核处理器不完全等同于一个八核处理器，但成本比较接近。请注意数据模拟线呈指数趋势。

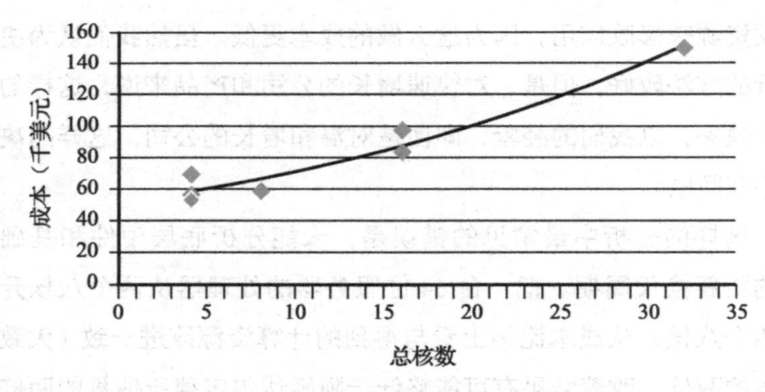

图 3-1　单位核的成本

根据我们 400 多个客户的经验，这种分析的结论几乎总是修改代码或数据库，实现向外而非向上扩展。多种技术的更新周期，要求大型服务器反复不断地投入资本，使问题更加严重，从而促使购买交易的达成。这就是为什么向上扩展就是向上失败，这是 AKF 合作伙伴的信念。向上扩展最终会停在一个点，要么是成本太高，要么是没有更大的硬件。例如，我们有一个客户有能力将其用户分散到不同的系统里，却继续向上扩展其数据库硬件。他们最终停在首选硬件供应商提供的六个最大的服务器上。这些系统的单价超过 300 万美元，全部六台服务器的硬件成本接近 2000 万美元。随着客户需求的增加，该客户挣扎着继续向上扩展，他们开展了一个数据库水平扩展的项目。采用四台单价 35 万美元的较小的服务器替换那些大型服务器。最后，他们不仅成功地向外扩展继续为客户服务，而且实现了近 1000 万美元的成本节省。该公司继续使用旧系统，直到最终过期报废，然后以成本较低的较小的系统替换。

大多数应用要么从一开始就可以在多个服务器上运行，要么可以很容易地修改以适应多服务器的情况。大多数的 SaaS 应用可以通过简单地复制代码到多个应用服务器，然后把它们配置在负载均衡器的后面来实现。应用服务器彼此之间不必互相通知，从负载均衡器发来的请求可以由任何一个服务器来处理。如果应用必须跟踪状态（参见第 10 章有关为什么要消除状态），一个可能的解决方案是负载均衡器允许使用会话 cookie，以维持客户的浏览器和特定的应用服务器之间的关系。一旦客户提交了初始请求，相应的服务器继续服务该客户直到会话结束。

对数据库进行扩展往往需要更多的规划和技术工作，正如我们在开头解释的那样，这是要花费精力的。在第 2 章中，我们涵盖了三种应用或数据库扩展的方法。在 AKF 扩展立方体中被标示为 X、Y 和 Z 轴，分别对应着复制（克隆），拆分不同的东西（服务），拆分类似的东西（客户）。

你可能会反驳，但这是真的。“英特尔的联合创始人戈登·摩尔在 1965 年预测，放置在集成电路上的晶体管数量将每两年增加一倍。”摩尔定律已经惊人地保持了超过 50 年而屹立不倒。正如戈登·摩尔在 2005 年接受采访时承认的那样[1]，这条定律不可能永远成立。另外，如果贵公司是真正的超高速增长公司，客户或交易的增长速度会比每两年翻一番更快，贵公司可能是每个季度翻一番。此外，阿姆达尔定律暗示不可能获得摩尔定律的全部好处，除非耗费大量的时间优化可以并行的解决方案。如果依靠摩尔定律来扩展系统，那么无论是应用还是数据库都很有可能失败。

规则 11——用商品化系统
（金鱼而非汗血宝马）

> **内容**：尽可能采用小型廉价的系统。
> **场景**：在超高速增长的生产系统采用该方法，在比较成熟的产品中以此为架构原则。
> **用法**：在生产环境中远离那些庞大的系统。
> **原因**：可快速和低成本增长。只采购必要的容量，不浪费在尚未明确的容量需求上。
> **要点**：构建能够依靠商品化硬件的系统，不要掉进高利润和高端服务器的陷阱。

超高速增长可能是一个孤独的领域。有那么多的东西需要学习，而可供学习的时间又非常有限。但请放心，如果接受我们的建议，你就会有很多的好朋友——那些消耗电力、散发热量、扰动空气、努力赚钱的电脑朋友们。而在超高速增长的世界里，我们相信拥有很多低成本的小“金鱼”要比拥有几只高成本的“纯种”汗血宝马更好。

在本科的微积分教科书里有几行我最喜欢的字，“对漫不经心的旁观者来说，这应该是显而易见的 < 插入一些完全不起眼的文字 >。”这个特别声明给我留下了深刻的印象，主要是因为对我来说作者当时所呈现的既不直观也不明显。拥有大量较小的电脑看起来似乎并不比拥有少量庞大的系统更有优势。事实上，更多的计算机可能意味着更多的电力、空间和冷却需求。多且小经常比少且大好的原因有两个，本章后面会详细介绍。

设备供应商受益于把利润最高的产品卖给你。几乎对于每个供应商来说，具有最高利润的产品往往是处理器最多的最大的产品。为什么会是这样？许多公司依靠更快和更大的硬件来完成必要的处理工作，却不愿意在扩展自己基础设施的地方投入。因此，设备制造商把这些公司当成人质索要更高的价格和利润。但是这里面有个有趣的问题，与有同等数量处理器的较小系统相比，这些更快和更大的机器并非真正能够做更多的工作。以 CPU 为例，这些机器比较小的系统拥有更少的处理能力。在添加 CPU 时，每个 CPU 的工作量比单 CPU 的系统（不考虑核数）少。这有很多原因，包括多处理器调度算法的低效率、内存总线访问速度冲突、结构障碍、数据障碍等。在虚拟化环境中，管理虚拟机的开销随着物理机规模的增加而增加。效率最佳的似乎是两个 CPU 或四个 CPU 的物理主机。

仔细回顾一下我们刚才说过的话，你花钱买进更多CPU，但实际上每个CPU所做的事情却更少，供应商总共盘剥你两次！

当与以前的信息冲突的时候，大多数提供商很可能会在第一阶段否认。聪明的供应商会迅速改变说法，指出整体拥有成本将会下降，因为较大服务器比较小服务器消耗的电力比较少。他们可能会说，你可以与某伙伴合作，通过把系统分区（或虚拟化），来获得小系统消耗较少电力的好处。这使我们意识到：必须算算账。

实际上，更大的系统可能会消耗更少的电力并降低成本。随着电力成本的增加和系统成本的降低，毫无疑问系统存在着合适的规模，可以最优化电力消耗、系统成本和计算能力。供应商绝不是信息的最佳来源。你应该自己算清账。算账的结果绝对不会促使你购买市场上能买到的最大的系统，因为这并不划算。为了弄清楚应该如何回应供应商的论点，我们把它们分解成几个组成部分。

我们把电力成本和单位电力消耗，与独立第三方的系统利用率基准数据进行比较。仍然可以找到在适合范围内的商品化硬件（也就是说还没有被供应商作为高端系统加价），然后最大化计算能力，同时满足最小电力和空间的要求。几乎在所有情况下，当考虑所有成本时，整体的拥有成本通常会下降。

关于虚拟化，请记住没有免费的软件。虚拟化（域或分区）的理由很多。但是将系统虚拟化成四个单独的域，与购买四套规模相当的系统相比，永远不会获得更大的处理能力和吞吐量。因为虚拟化必须利用CPU的资源来运行，而这些资源一定要有它的出处。另外，在比较大的分域系统中的大系统容量，与同等规模的小系统容量相比是一个错误。

促使我们使用商品化系统而不是昂贵系统的其他原因是什么？虽然我们积极计划扩展，但是扩展速度是有成本的。对商品化硬件我们更容易谈判。虽然我们可能有很多这种系统，但是丢弃它们也很容易，而且可以随心所欲地安排工作，而比较昂贵的系统则需要花大量的时间去掌握。虽然这似乎有些难以理解，但是，与比较昂贵的系统（汗血宝马）相比，我们已经成功地使用较少的人管理更多的商品化系统（金鱼）。我们维护这些系统的成本较低，而且也可以负担得起更多的系统冗余，因为每个单元上的部件（例如CPU）较少，系统失败的机会也比较低。

最后，让我们来解释一下为什么把这些东西称之为“金鱼”。因为这些系统非常便宜，如果它们“死掉”，你可能会轻松地丢弃它们，而不是投入大量的时间来修复。另一方面，“汗血宝马”代表了相当大量的投资，因此需要时间来维护和修复。最后，我们更喜欢有很多的小朋友，而不是几个大朋友。

规则12——托管方案扩展

内容： 把系统部署到三个或更多活的数据中心，以降低总体成本、增加可用性并实现灾难恢复。数据中心可以是自有设施、托管或云计算（IaaS或PaaS）实例。

场景： 任何正在考虑添加灾难恢复数据中心（冷备）的快速增长的业务，或希望通过三数据中心方案优化成本的成熟业务。

用法： 根据 AKF 扩展立方体来扩展数据。以“多活”方式配置系统。使用 IaaS/PaaS（云计算）来解决突发容量问题，新投资或者作为三数据中心方案的一部分。

原因： 数据中心故障的成本对业务的影响可能是灾难性的。三个或更多个数据中心的解决方案的成本通常比两个数据中心少。考虑使用云计算作为部署之一，高峰流量来临时向云扩展。拥有基础流量的设施；租赁解决高峰流量的设施。

要点： 在实现灾难恢复时，可以通过系统设计实现三个或更多个活跃数据中心以降低成本。IaaS 和 PaaS（云计算）可以快速地扩展系统，应用于高峰需求期。通过系统设计确保如果三个数据中心中只要两个可用，则功能完全不受影响。如果系统扩展到三个以上数据中心，则为 N-1 个数据中心可用，功能完全不受影响。

数据中心已成为迅猛发展公司扩展的最大痛点之一。因为数据中心需要长时间的规划和建设，而且经常是在快速增长期间我们所想到的最后几件事情之一。有时候我们想到的“最后一件事”往往就是使我们的公司陷入最危险境地的事情。

建设和运行数据中心所需要的核心能力很少与某个技术团队重叠；避免拥有自己的数据中心，直到公司的规模大到可以通过建设和运行自己的数据中心来节省成本成为可能。在成长期间使用托管和云计算提供商；让他们承担数据中心的操作风险以及数据中心建设的计划。通过自有数据中心实现成本节约的最低有效数据中心的规模大约是3MW的IT容量——约相当于9000个双插槽的服务器。构建这样的数据中心，对使用标准化设计和设备经验丰富的公司需要12个月，对选择使用新设计和新设备的公司需要24个月。根据指定设施的冗余级别，所需资本从3000万美元到5000万美元不等。建设和运行数据中心并不是一个简单的任务。避免建设和运行自己的数据中心，直到公司规模大到自建数据中心划算的时候。

此条规则是针对“如何”和“为什么”拆分数据中心以应对快速增长的简要回答。

首先，让我们回顾几个基础。为了故障隔离（有助于高可用性）和事务增长，我们想要使用在规则8和规则9中分别给出的Y轴和Z轴拆分的方法。为了高可用性和事务的增长，我们将按照规则7所述的沿X轴复制（或克隆）数据和服务。最后，我们将假设你尝试过应用第10章中介绍的规则40，要么有一个无状态的系统，要么可以绕过有状态的需要而允许多数据中心部署。正是对数据和服务的这种拆分、复制和克隆以及无状态，奠定了分散数据中心并使其跨越多个设施和地区的基础。标准化的系统配置、代码部署和监控使托管网站和云计算网站之间可以实现无缝扩展。

如果沿着Z轴适当地拆分数据（见规则9），我们就可以潜在地将数据定位到更靠近请求数据的用户。如果在拆分数据的同时保持以个人用户为单位的多租户模式，那么我们就可以选择靠近最终用户地理位置的数据中心。如果服务的最小单位是公司，我们也可以定位在所服务公司的旁边（如果它是一个大公司，至少是那些公司中员工最多的办公室）。

让我们从三个数据中心开始。每个数据中心大约是33%数据的"家"。我们将其称为数据集 A、B 和 C。每个数据中心的每个数据集都有一半数据被复制到对应的数据中心。假设做 Z 轴拆分（见规则 9）和 X 轴数据复制（见规则 7），数据中心 A 中客户数据的 50% 会存储在数据中心 B，另外的 50% 将存储在数据中心 C。如果任何数据中心失败，失败数据中心中 50% 的数据和关联的事务将会被转移到其对应的数据中心。如果数据中心 A 失败，其数据和事务的 50% 将被转移到数据中心 B，另外的 50% 被转移到数据中心 C。如图 3-2 所示。结果是运行系统总共需要 200% 的数据，每个数据中心只包含 66% 的必要数据，每个数据中心包含主备两份拷贝，主拷贝（运行系统所需数据的 33%）和其他每个数据中心副本的 50%（在总共 33% 的额外数据中运行系统需要 16.5%）。

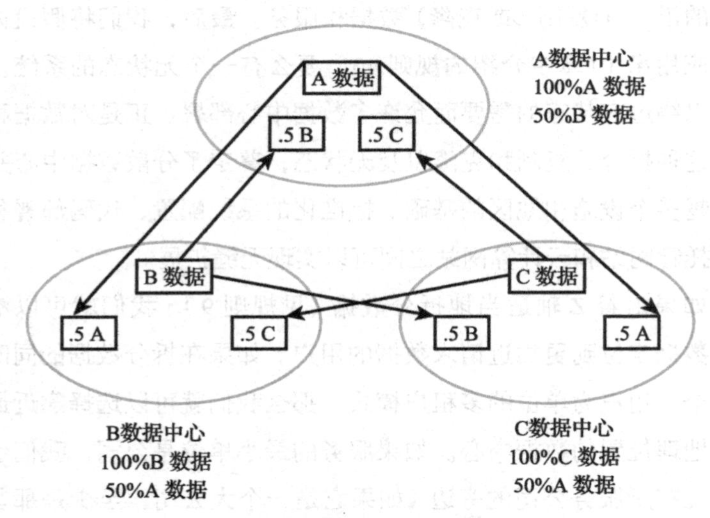

图 3-2 数据中心复制的拆分

让我们做些计算来了解为什么这个配置比其他方案更好。假设发生地理上孤立的灾难事件，我们需要至少两个数据中心存活。有分别标记为 A 和 B 的两个数据中心，你可能决定数据中心 A 处理所有的流量，数据中心 B 做冷备份。在热 / 冷（或主动 / 被动）配置中，两个数据中心都需要配置 100% 的计算和网络资产，其中包括 100% 的网络和应用服务器、100% 的数据库服务器和 100% 的网络设备。电力和互联网连接的需求也与此类似。每个数据中心可能需要保持略微超过服务所需容量的 100% 来处理需求激增所带来的峰值流量。假设两个数据中心各保持 110% 的容量。当为一个数据中心购买额外的服务器时，也必须为另外一个数据中心购买。你也可能决定使用自己的专线连接两个数据中心，以确保数据复制的安全。运行两个数据中心将有助于在发生重大灾难时存活，因为在灾难发生最初会有 50% 的交易失败，直到将流量转移到备用数据中心，但是从预算或财务角度它帮不了忙。数据中心可能的宏观设计如图 3-3 所示。

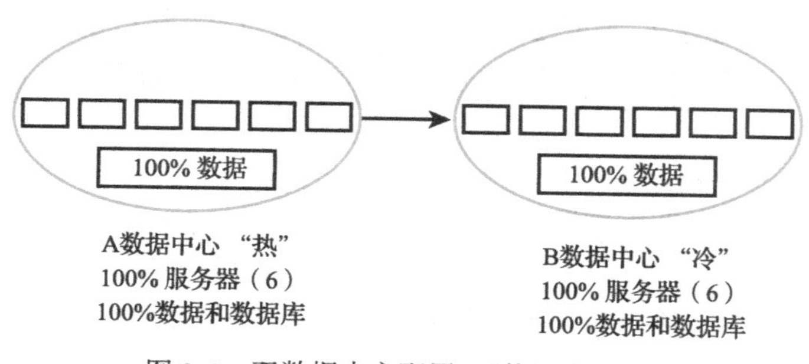

图 3-3　双数据中心配置，“热”和“冷”

但是三数据中心的解决方案可以降低成本。因为对所有的非数据库系统，在系统发生故障时，每个数据中心只需要具备 150%

的容量就可以运行100%的流量。无论采用什么方法数据库都需要200%的存储，无法降低成本。电力和设施消耗大约也是单个数据中心需求的150%，显然需要更多的人来应付三数据中心的需求，这个开销可能比150%略高。唯一不成比例增加的地方是网络互联，因为三个数据中心比两个数据中心需要两个额外的连接（而不是一个）。数据中心的新配置如图3-4所示，相关运营成本的比较见表3-1。三个数据中心中的任何一个都可以是云数据中心，这也可以减少运营需要增加的人员。

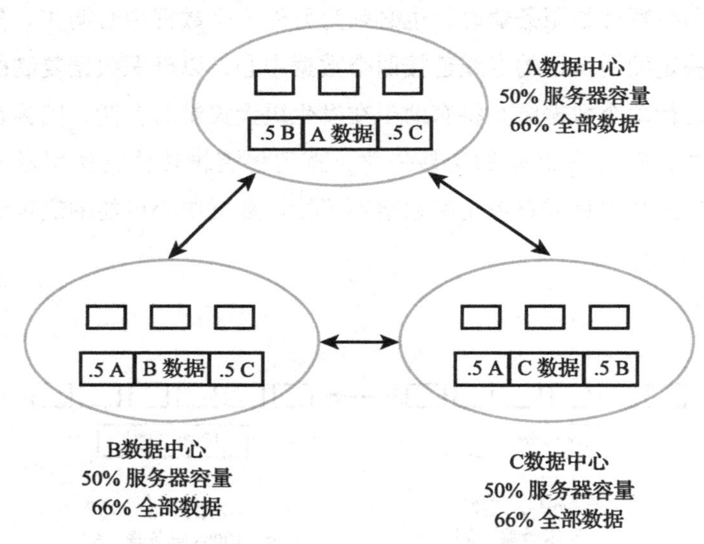

图3-4　三数据中心配置，三个热数据中心

表3-1　成本比较

配置	网络	服务器	数据库	存储	节点互连	总成本
单数据中心	100%	100%	100%	100%	0	100%
冷热双数据中心	200%	200%	200%	200%	1	200%

（续）

配置	网络	服务器	数据库	存储	节点互连	总成本
双活双数据中心	200%	200%	200%	200%	1	200%
三活三数据中心	150%	150%	150%	200%	3	~ 166%

如上所述，选择三个数据中心而不是两个可以减少硬件成本25%（从峰值的200%需要降到150%）。据此推断需要50台服务器以满足高峰期需求，企业应该购买51台服务器并把它们托管在51个不同的数据中心。从学术角度来看，这的确最小化了硬件支出，但是试图使用这么多网站所带来的网络和管理成本的增加使这个想法显得十分荒唐。

三数据中心配置的一个很大的好处是能够利用空闲容量创建测试区（如负载和性能测试），以及在需求高峰期间利用这些闲置资产的能力。这些尖峰几乎随时可以发生。这也许是因为一些特殊的和计划外的新闻发布，也许只是某个关系格外良好的个人或公司有一些令人难以置信的瞬间流量刺激。手头上的灾备能力开始获得流量，我们很快开始购买额外的容量！

正如我们所暗示的，运行三个或更多的数据中心也有一些缺点。因为所有数据中心都是活的，每个数据中心都在发挥作用，所以也带来了一些额外的操作复杂性。我们认为，虽然有些额外的复杂性存在，但是并不比运行热／冷数据中心显著。保持两个数据中心同步很困难，特别是团队没有机会验证单一数据中心在需要的时候是否可以发挥作用。继续运行三数据中心有些挑战，但并不是特别难。

即使其他成本最终下降，网络传输成本仍以相当快的速度增长。对于完全连接的数据中心拓扑，每个新节点（N+1）都需要N

个额外的连接，其中 N 是先前的节点数。公司通常通过协商批量折扣和压低第三方传输供应商成本，从而妥善地处理这笔费用。另一个选择是将流量转发到对等网络以优化成本和性能，特别是当流量的峰值不规则或显著大于基线流量的时候。这需要仔细分析可能带来的好处以及转发到对等网络的成本。

当然，利用好 IaaS 的弹性，你就不需要“拥有”一切。一种做法是分别在三个地理位置（如亚马逊 AWS 的“地区”）“租赁”一个数据中心。或者采用混合的方法，保持托管设施和自有数据中心的混合，然后动态增加，即按季节或每天根据需求扩展到公共云。

最后，基于多活数据中心的模型，我们可以预见员工及其相关成本会增加。如果数据中心的规模很大，我们可能会将员工安排居住在数据中心的附近，而不是依靠远程工作。即使现场没有员工，我们也可能需要不时地前往数据中心去验证设置、与第三方合作提供商配合等。如果有一个数据中心是云，那么不太需要现场工作，因此可以潜在地缓解工作人员的增加。随着服务器总数的增长，标准化的配置、部署工具和监控将有助于优化员工数量。当进行成本核算时，使用多个数据中心还有其他的好处，如确保数据中心接近最终客户减少页面加载时间。下面总结了多活数据中心实施的优点、缺点和架构考虑。

多活数据中心要考虑的因素

多活数据中心的优点包括：

- 比热 – 冷数据中心配置有更高的可用性。
- 比热 – 冷数据中心配置有更低的成本。

- 动态路由到附近的数据中心使客户的响应时间更快。
- 在 SaaS 环境中推出产品有更大的灵活性。
- 在操作上比热－冷数据中心配置有更大信心。
- 特别是当 PaaS/IaaS / 云计算是整体解决方案的一部分时，利用闲置资源轻松快速地“按需”增长以应付突然出现的流量高峰。

多活数据中心的缺点包括：

- 更高的操作复杂度。
- 人员数量少许增加。
- 出差和网络成本增加。

建立多活数据中心的架构考虑因素包括：

- 尽可能消除对状态的需要。
- 尽可能减少动态调用，将客户路由到最近的数据中心。
- 研究数据库和状态的复制技术。

规则 13——利用云

内容：有目的地利用云技术按需扩展。

场景：当需求是临时的、突增的、偶发的，响应时间不是产品的核心问题。要将其当成是“租用风险”——新产品对未来需求的不确定性，需要在快速改变或放弃投资间抉择。公司从双活向三活数据中心迁移时，云可以作为第三数据中心。

用法：

- 采用第三方云环境应对临时需求，如季节性业务变动、大的批处理任务或者是测试中需要的 QA 环境。

- 当用户请求超过某个峰值时，把应用设计成可以从第三方云环境对外提供服务。扩展云以应对高峰期，然后再把活跃的节点数减少到基本水平。

原因： 在云环境中配置硬件需要几分钟，在自己的托管设施配置物理服务器需要几天甚至几周。当临时使用时，云的成本效益非常高。

要点： 在所有网站中利用虚拟化，并在云中扩展以应付意想不到的突发需求。

云计算是许多供应商提供的 IaaS 产品的一部分，例如亚马逊、谷歌、IBM 和微软。供应商提供的云主要有四个特征：按使用付费，按需要扩展，多租户和虚拟化。第三方云通常由许多运行系统管理（hypervisor）软件的物理服务器组成，可以模拟较小的虚拟服务器。例如具有 32GB 内存、8 个处理器的机器可以虚拟成 4 台机器，每台允许使用两个处理器和 8GB 的内存。

客户可以使用其中一台虚拟服务器，并且根据他们使用时间的长短收费。提供这些服务的每个供应商的定价不同，但通常使用虚拟服务器与购买物理服务器的盈亏平衡点大约是 12 个月。这意味着如果连续 12 个月每天 24 小时使用服务器，花费将超过采购物理服务器的成本。如果这些虚拟服务器可以基于需求启动和停止，那就可能节省成本。因此，如果每天只需要这个服务器工作六个小时完成批处理任务，那么盈亏平衡点就会延长到 48 个月。

成本当然是决定是否使用云的重要因素，云的另外一个明显优势在于系统的准备通常只需要几分钟，而物理硬件的系统准备则要用天或周来计算。公司购置额外硬件需要批准、订购、接收、上架和加载，很容易花上几个星期。在云环境中，添加额外的服务器可以在几分钟内完成。此外，托管中心可能没有空间来容纳新的硬件，因此需要等待新机架的建设，这又会延迟交货时间。

使用第三方云环境的公司有两种理想方式，就是当需求是临时的或不一致的时候。临时需求可以以夜间批处理作业的形式出现，需要几个小时的大量计算资源或每个月为发布下一个版本会周期性地进行几天 QA 测试。不一致的需求可以通过促销或者网络星期一的季节性的形式出现。

我们有一个客户每晚都充分利用第三方云环境来处理当天的数据，并把处理好的数据加载到数据仓库。他们运行数百个虚拟实例，处理数据，然后关闭实例，确保只支付自己所需要的计算资源量。另一个的客户为他们的 QA 工程师提供虚拟实例。他们为要进行测试的软件版本构建机器映像，然后当 QA 工程师需要一个新环境或刷新后的环境时，分配一个新的虚拟实例。因为使用虚拟实例作为 QA 环境，不会出现几十个测试服务器处在大部分时间无人使用的状态。我们的另一个客户，当他们的需求超过一定程度时，使用云环境来提供广告服务。存储的数据每隔几分钟同步一次，所以从云平台提供的广告服务几乎和那些从托管设施服务的广告一样。这个特定的应用在处理数据同步时可能有轻微的延迟，因为在请求时投放广告，即使不是绝对最好的广告，仍然要比因无法扩展而没有投放广告好。

云的另一个有吸引力的特性是它是“租赁风险”的理想选择。如果贵公司是一个新的创业公司，不确定市场是否会对产品有需求。或者，贵公司是一个成熟的公司，有新产品计划，想满足现有市场或未来市场。也许你正在给现有产品添加功能并以现有解决方案单独部署的形式提供服务，但不确定客户是否愿意采用该功能。这些案例都代表着风险——客户不愿意接受任何产品构建的风险。在这些例子中，租赁有风险产品的系统容量更有意义，因为如果有风险你可以轻松地抛弃它，而不需要消耗硬件的费用。

想想你的系统，哪些部分最适合云环境？通常有些组件，诸如批量处理、测试环境或峰值容量，把它们放在云环境更有意义。因为云环境允许根据需要在非常短的时间范围内实现按需扩展。

总结

虽然向上扩展是个适合中慢速增长公司的选择，但那些增长速度持续超过摩尔定律的公司，将会在毫不知情的情况下，突然发现自己所拥有的高端昂贵的系统的计算能力遭遇极限。我们见过的几乎所有影响大的服务故障都是同一个原因，产品自以为“了不起”。我们相信，提前做好扩展计划，以便在需求出现时可以轻松地拆分系统是明智的。按照我们的规则扩展系统和数据中心，利用云来处理意外需求，依靠廉价的商品化硬件，为超高速成长做好准备！

注释

1. Manek Dubash, “ Moore’s Law Is Dead, Says Gordon Moore, ” *TechWorld*, April 13, 2005, www.techworld.com/news/operating-systems/moores-law-is-dead-says-gordonmoore-3576581/.

第4章　先利其器

你可能从来没有听说过亚伯拉罕·马斯洛，但是你很有可能知道他的“工具法则”，即马斯洛的锤子。其含义大概是，“当你只有一个锤子时，任何东西看起来都像是个钉子。”该法则至少包含以下两个重要含义。

第一个含义，我们都有一种试图使用自己熟悉的仪器或工具来解决当前问题的倾向。如果你是一个C语言程序员，可能会尝试使用C语言去解决问题或实施需求。如果你是一个数据库管理员（DBA），很可能会考虑如何使用数据库来解决某个问题。如果你的工作是维护第三方电子商务软件，可能会尝试使用该软件包去解决几乎任何问题，而不是采用2～3行解释性脚本来简单且轻松地解决问题。

第二个含义其实是建立在第一个含义的基础之上。在我们的组织内，如果持续引进有类似技能的人来解决问题或实施新产品，我们很可能会用类似的工具和第三方产品得到一致的答案。该方法的问题是，虽然它有一致性好和可预测性高的优点，但是它却很可能会驱动我们去使用对完成任务来说不适当或不理想的工具或解决方案。想象一下，假如水槽坏了。根据马斯洛的锤子法则，我们会用锤子敲打水槽，这很有可能会对水槽造成进一步的破坏。把这个理论延伸到可扩展性上，本来写入文件可能是一个更好的解决方案，我们为什么要使用数据库？如果我们要禁用某些端口，这本来可以在路由器上简单地完成，却为什么要在防火墙上实现？

让我们来听一下两位技术高管的故事，他们两位加在一起有超过四十多年的经验。一位技术高管花了他大部分的职业生涯，领导团队实施系统扩展以满足数以百万计用户的需要。另外一位从实施大规模系统开始他的职业生涯，最近一直在为技术人员提供可扩展的基础设施。他们每个人都从自己独特的视角出发，分享了关于使用合适工具的重要性。

詹姆斯·巴雷斯在 eBay 度过了数十年职业生涯的大部分，现在在分拆后的 PayPal。他在这两家公司担任过各种各样的职务，从架构师到技术副总裁，再到目前的 PayPal 首席技术官和负责支付业务的高级副总裁。他也曾在数个董事会服务过，经常受科技公司的邀请提出意见。在硅谷的长期经验使他见证了所有不同类型的组织和技术人员。当作者问他如何看待团队在努力使用合适工具时，他开始给出了一些明智的建议："在合适的时间，为合适的工作选择合适的工具，在组织的生命周期中至关重要。这是一种需要判断力的权衡行为，特别是在一个大型组织里。有些团队总是在苦于追逐"下一个酷的工具"。他们的基础设施被无数不同的工具所覆盖，这些工具没有稳定下来、足够坚固或能够支持扩展。另一方面，有些组织只做好了一件事，而且长期坚守。"

詹姆斯继续讲道："例如，我看到过一个非常大的公司，特别擅长把某种企业级数据库扩展到巨大。不幸的是，每一次挑战都使用该企业级数据库技术来解决。虽然这是组织支持的解决方案而且具有可扩展性，但结果是该工具被过度使用。简单的事情像频繁读取、临时更新以及新应用实验都必须通过非常高端和昂贵的基础设施才能实现。此外，业务的增长也会要求更高的可用性和可扩展性。反过来，这又需要更多高端昂贵的硬件和更昂贵的数据库许可证，以及不尽理想的运维流程。该系统承载着公司业务的全部重量。虽然它运行正常而且项目的执行风险比较低，但这是过度使用工具的一个典型例子。"

当被问及团队是如何陷入这种过度使用工具的境地时，詹姆斯解释道，"我们已经看到了 PaaS、缓存和 NoSQL 数据解决方案以及高效的大数据工具和基础设施，一波接着一波地发展。这些新工具以现代方法解决问题，远比旧工具更有效。不幸的是，许多公司缺乏实验和采用这些新技术的勇气，结果导致工具被锁定和过度使用。这种过度使用基础设施工具的情况在许多公司中都很常见。一个快速增长和快速发展的公司，在完成重要业务目标过程中，没有办法投入大量时间或没有能力去冒更多的风险是可以理解的。此外，引进新工具就不会再去努力改善现有工具。这可能会把公司引上一条永远巩固核心基础设施，从不实验和寻找更好工具的绝路，而这些新工具很有可能会更优雅和高效地解决问题，并带来更好的结果。"

詹姆斯为正苦于解决使用合适工具问题的公司总结了一些建议："至关重要的是，每个公司都要避免陷入创新者的困境。虽然一部分研发资源需要去做关键项目使现有的工具更好，但是总是要拿出一部分资源来主动分析、试验和采用新工具。拥有核心工具的团队也是采用新进步和新技术创新的团队，这一点很重要。这将使一个公司能够引领、创新和有成本效益地解决问题，使用合适的工具来解决合适的问题，并将使公司从长远来看更加成功。”

现在让我们再听听其他的技术主管怎么说。克里斯·拉隆德是ObjectRocket的一位创始人，DBaaS（数据库作为一种服务，是PaaS的一个专门的类别）提供MongoDB云服务，该公司在2013被Rackspace收购。目前他在Rackspace的数据存储部门任总经理，克丽斯拥有超过18年的经验，曾经在Bullhorn、Quigo和eBay担任过各种高级技术职务。克里斯和他的ObjectRocket团队曾帮助许多公司迁移到非关系型数据库，因此有很多成功和失败的故事。有一个关于客户不了解数据持久化存储工具的故事，包括如何做选择以及何时使用哪种工具更合适。克里斯回忆说，“我们有一个客户正在从关系型数据库迁移到非关系型数据库，在这个过程中他们遇到了一些挑战。其中的一个挑战是他们方案的合理性，MongoDB可以做什么？不能做什么？在以前的数据库中可以做什么？不能做什么？这是其中的一个案例，因为他们正在寻找非关系型平台的灵活性，所以他们确实需要为合适的工作配备合适的工具。他们不了解的是这种平台的副作用和需要做的取舍。”

克里斯给我们打了一个比方：“当我讲关系型与非关系型数据库时，我会用医生办公室的例子。医生的办公室就像非关系型数据库。你进去说，‘我来这里看病。’接待护士走进来，把你的健康档案从文件柜里拿出来交给医生看。检查过程中，医生只是在医疗档案的结尾添加了一些信息。检查完成后，他们把你的医疗文件放回文件柜。从数据视角看，这几乎和 MongoDB 的文档存储的工作原理一样。当然，有点简单化，但基本上就是这样工作的。对同样的场景，如果我们采用非关系型数据库，其工作方式是，你走进办公室告诉接待员你来这里和医生约好了检查，接待员回到第一个文件柜从一个文件中取出你的名字。然后她会去下一个文件柜，从年龄文件中取出你的年龄，然后她会再去下一个文件柜，拿到你的身高，不断重复这些过程。然后，她会把所有那些文件交给医生，说："这是你的信息。"如果医生要把这些文件整理一下，想更新他就必须创建一个全新的文件柜。有些人就是不明白，有些情况下，拥有一大堆文件柜很好，但另外一些情况下，事情并不是那么好。想象一下，如果你的办公室很小，但是病人很多，那么很快你就没有空间看病人了！

"所以，就有这么一个客户，"克里斯继续说，"有相当于几个 TB 的数据存储在关系型数据库里，他们把这些数据全部装进了非关系型数据库。首先发生的事情是数据规模几乎翻了一番。这出乎他们的意料。然后他们开始发挥非关系型数据库的一些优势，如灵活地改变数据结构，通过对象之间的相关性识别可能存在的关系。但他们仍然想要做一些在关系型数据库中，因为关系模式的支持所以既方便又快速的分析。在非关系型系统内这些分析的不利因素是响应时间。关系型数据库缺乏敏捷性和灵活性，但可以完成某些特定的查询，该客户的数据库从关系型迁移到非关系型世界，在这里他们享受着灵活和敏捷，但是失去了有效查询数据结构的能力。为什么人们在用特定工具锁定自己之前，需要先理解他们到底能从其数据中能得到什么？这是个完美的例子。我常说一个木匠光用锤子盖不了房子。木匠需要一把锯和一把螺丝刀及其他东西。对工程师和一般的人来说，也许更倾向于使用他们所知道的工具。回到医生办公室的比喻，假设使用的是非关系型数据库，如果想问有多少位病人是超过六英尺[⊖]高的男性，那么你就必须从所有文件中把每一位病人都找出来，然后一个一个地搜索。无论你效率多高，都要付出很大的努力才能整理完所有的文件。”

克里斯试图把这些关联起来。“今天的现实是，我们生活于其中的世界上的技术比以往任何时候都发达，数据也正以比以往任何时候更快的速度增长。这些技术可以给企业带来的好处是巨大的，但是不理解其中的利弊取舍则可能会毁灭一个企业。我提到的那个公司试图利用非关系型数据库的敏捷性，这很好，但是他们不明白自己已经放弃了一些分析能力，如他们之前在关系型数据库中使用过的多表复杂连接。理解这些差异只算得上有良好的工程素养；实际上它可以决定公司的繁荣和衰落。也许你现在已经做得足够好了，但问题是人们不考虑可扩展性方面的问题——我必须要做什么才能把规模扩大到 10 倍或者 100 倍？为什么这个这么重要？好吧，我给你举一个例子。AOL 花了 5 年时间才拥有第一个百万客户，eBay 花了大约 3 年时间拥有第一个百万客户；Instagram 只花了 9 周的时间就发展了第一个百万客户。增长的速度已经显著加快，所以今天的技术人员被毫无预警地抛入到成长的风暴中，如果这些技术人员的工具箱里只有一件工具，或他们不知道如何将其数据扩展 1000 倍，他们的工作或业务的时间将无法长久。”

⊖ 1 英尺 = 0.3048 米。——编辑注

克里斯总结道："没有完美的数据库。没有完美的数据存储。它们共同拥有的就是取舍，这类事情是每个人都需要理解和掌握的。人们偏见的理由很多，但诚实的答案是，在某种存储机制写入或者读取数据时，你必须做出几个选择，而这最终将决定数据库的特征。一个解决方案可能需要两倍的存储空间，通常有点儿慢，但是却能给你带来更显著的灵活性。相反，另外一个选择可能让你不那么担心存储，更快地做很多事情，但在你可以用它做什么方面有限制。了解这些差异或有专家帮助你理解这些权衡是设计现代应用的关键，是一个真正的业务优势。这有点像了解锯的区别。链锯、钢丝锯和钢锯都是锯，但工程师做出设计决策，帮助他们最有效地切段树木、木材或金属。你能用钢锯砍下一棵橡树吗？有可能，但我不会这么推荐它。为合适的工作选择合适的工具很可能至关重要。如果你想要砍断一棵树，依我的意见就去用链锯；但很多人似乎只有钢锯。"

对使用合适的工具，詹姆斯和克里斯各自有不同的观点，一个是从实施的角度，另外一个是从服务提供者的角度。然而，双方都同意使用合适工具的重要性和不这样做的后果。接下来，我们将介绍有关合理使用数据库、防火墙和日志文件的规则。正如你所想象的那样，这可能涉及很多的技术、组织结构和过程。不要只被你熟悉的东西困住；花时间学习新事物，并保持开放的心态。

规则 14——适当使用数据库

内容： 当需要 ACID 属性来保持数据之间的关系和一致性时，

可以使用关系型数据库。其他数据的存储需要考虑更适合的工具，如 NoSQL DBMS。

场景： 当在系统架构中引入新数据或数据结构时。

用法： 考虑数据量、存储量、响应时间长短、关系和其他因素来选择适当的存储工具。也要考虑数据结构以及产品需要对数据进行的管理和操作。

原因： 关系型数据库提供了高度的事务完整性，但是成本很高，难以扩展，而且与其他许多可选的存储系统相比可用性较低。

要点： 使用合适的数据存储工具。不要因为易访问而用关系型数据库存储所有数据。

关系型数据库管理系统（RDBMS），诸如 Oracle 和 MySQL，是基于埃德加·康德在 1970 年发表的论文“大型共享数据银行的数据关系模型”中提出的关系模型[1]。大多数的 RDBMS 为数据存储提供了两大好处。第一个是通过 ACID 属性来保证事务的完整性，请参阅表 2-1 中的定义。第二个是表内部和表之间的关系结构。为了减少数据冗余并且改进事务处理过程，OLTP 系统中的大多数表都可以规范为第三范式[2]，每个表的所有记录都有相同的字段，非关键字段必须完全依赖于主键，而不能只依赖于主键的一部分，而且所有的非关键字段都必须直接依赖于主键。每个数据都和表中的其他数据相关联。表与表之间也会存在着外键关系。虽然这些是使用 RDBMS 的两个主要好处，但也是它们在可扩展性方面的局限性。

正因为需要确保 ACID 属性，关系型数据库可能比其他数据存储形式在可扩展性方面更具挑战性。为了保证数据的一致性，关系型数据库集群中配置了多个节点，例如 MySQL NDB，采用同步复制的方法以确保在承诺执行时数据已经写入多个节点。Oracle Real Application Cluster（RAC）虽然有一个中央数据库，但不同区域数据库的所有权归所有节点共享，因此写请求必须将所有权转移给执行写操作的到该节点，读请求必须通过从请求者到主节点再到数据拥有者节点的路径，然后将所读取的数据由原路径返回给请求者。最终，系统将受到可以同步复制的节点数量，或者地理位置的限制。

由于关系型数据库表内部和表之间的关系结构，使通过诸如分库和分表操作来拆分数据库变得困难。参见第 2 章与在多台机器上分配任务相关的规则。如果把两个表分别存储在不同的数据库，在一个数据库中关联两个表这样简单的查询就必须拆分成两个单独的查询，将数据关联的部分从数据库转移到应用中来完成。

说到底，需要事务完整性或与其他数据关系的很可能最适合关系型数据库。既不需要与其他数据有关联，也不需要事务完整性的数据可能更适合其他的存储系统。让我们简要地介绍一些其他的存储方案，以及如何为了某些目的而使用它们作为数据库，从而达到更好、更有效和可扩展性更高的效果。其好处会根据所选的 NoSQL 数据库系统方案不同而有所不同。每个 NoSQL 数据库都有不同的特性，所以希望挑选最适合的数据结构和产品来部署 NoSQL 数据库。

一个经常被忽视的存储系统是文件系统。也许觉得它不够复杂，因为我们大多数人在刚刚开始编程时都是访问文件中的数据而不是数据库中的数据。一旦熟练掌握了数据库的存储和检索，我们就不再回头眷顾文件系统。文件系统历史悠久，许多都是专门为处理非常大量的文件和数据而设计的。其中包括谷歌文件系统（GFS）、MogileFS 和 Ceph。当需要“写一次，读多次”时，文件系统是一个不错的选择。换句话说，如果预期在一段时间内某个结构或对象的读写不会发生冲突，而且也不需要维护大量的关系，那么真的没有必要使用带有事务性开销的数据库；对这种类型的应用，文件系统是一个很好的选择。

另一类存储系统称为 NoSQL。这个类别的技术通常又细分为键值存储、可扩展记录存储和文档存储。没有普遍公认的技术分类标准，实际上其中许多都可以划分到多个不同的类别。NoSQL 这个标签可能有点误导性，让人以为不同的 NoSQL 产品是可以互换的。随着开源项目的迅速变化，这些差别将对能否合理地选择数据库系统产生影响。在以下的描述中我们包括了一些技术示例，但不要把这些当做是福音。鉴于许多项目的研发速度，未来对它们的分类可能会变得更加模糊不清。

键值存储技术包括诸如 Memcached、Redis、Amazon DynamoDB 和 Simple DB 这样的技术。这些产品对数据做单一的键值索引，该索引存储在内存中。有些产品具备写入持久存储或内存的能力，比如 Amazon DB。在这个子类别中的某些产品在节点间使用同步复制，其他的则是异步复制。它们通过使用“键值对”这样简单的数据存储模式来显著提高可扩展性和性能，但也存在着可以存储什么数据这样的严重局限性。此外，依赖同步复制的键值存储仍然面临着与关系型数据库集群同样的局限性，那就是对节点数量及其地理位置的限制。

可扩展记录存储（Extensible Record Store，ERS），有时也称

为宽列存储或表格式的数据库系统，包括谷歌专有的Bigtable、现在已开源的Facebook Cassandra、开源的HBase等技术。普遍认为Cassandra使用得最为广泛，其技术源于谷歌的Bigtable，而Bigtable被认为是源于ERS模型。所有这些产品都使用了可以在节点之间进行拆分的行和列数据模型。用主键对行进行拆分或分片，把列分成不同的组，然后将这些组放置在不同的节点上。这种扩展方法类似于AKF扩展立方体的X轴和Y轴方法，如图2-1所描述的那样，其中X轴拆分是只读副本，Y轴拆分是根据所支持的服务形成的拆分表。这些产品的行拆分是自动完成的，但列拆分与关系型数据库的拆分方法类似，需要用户定义。这些产品采用异步复制提供最终的一致性。这意味着最终在所有节点上数据备份将变得一致，这可能仅仅需要几毫秒，但有时候也可能需要几小时。

文档存储包括诸如MongoDB、CouchDB、Amazon DynamoDB和Couchbase等产品技术。在这类产品中所使用的数据模型叫“文档”，但是用多索引对象模型来描述它更准确。多索引对象（或“文档”）可以聚集成多索引对象集合（通常称为“域”）。这些集合或“域”反过来可以在许多不同的属性上查询。文档存储技术不支持ACID属性；它们是使用异步复制来提供最终一致性的。

NoSQL对实体或对象之间关系的数量有所限制。正是由于这种关系的减少才允许系统分布到许多节点以实现更广泛的扩展，但同时又保持交易的完整性且避免读写冲突。正如前面指出的那样，人们往往要为即时一致性的需求而付出代价。在许多NoSQL方案中你可以权衡利弊，对一致性和响应延迟进行调整，但是几乎不可能达到像关系型数据库那样的即时一致性。虽然高度一致性是可能的，并且可以对所有读取操作进行配置，但这将消耗更多的资源，同时响应延迟会增加，因为典型的 GetItem 操作需要在所有节点间查找最近的更新记录。

因为这种情况经常发生，在阅读前面的段落时，可能你已经决定要在这些系统的可扩展性和灵活性之间进行权衡。数据实体之间的关联度最终导致了这种权衡；关联度增加，灵活性也相应地增加。灵活性增加了系统成本，同时提高了系统可扩展的难度。图 4-1 显示了在关系型数据库、NoSQL 和文件系统三种方案中，系统扩展性的成本与局限性，以及数据实体之间关联度的比较。图 4-2 展示了系统灵活性与它所能承受的数据实体之间的关联度的关系。结果显而易见：关系提高了灵活性但同时也增加了扩展的局限性。因此，我们不应该过度使用关系型数据库，而是应该选择适合于手头任务的工具，从而使系统具有更高的可扩展性。

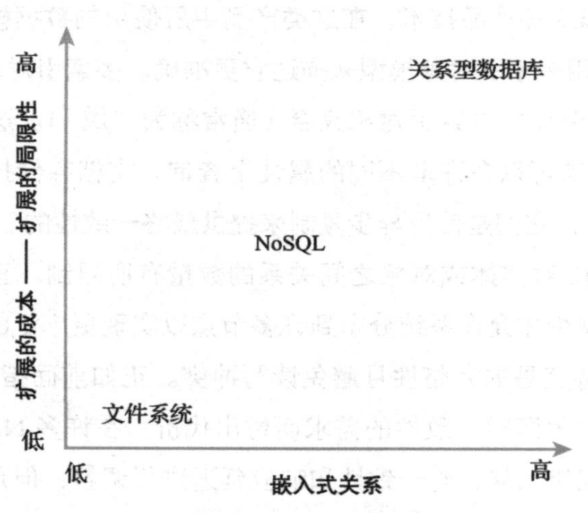

图 4-1　扩展的成本与局限性，以及实体之间的关系

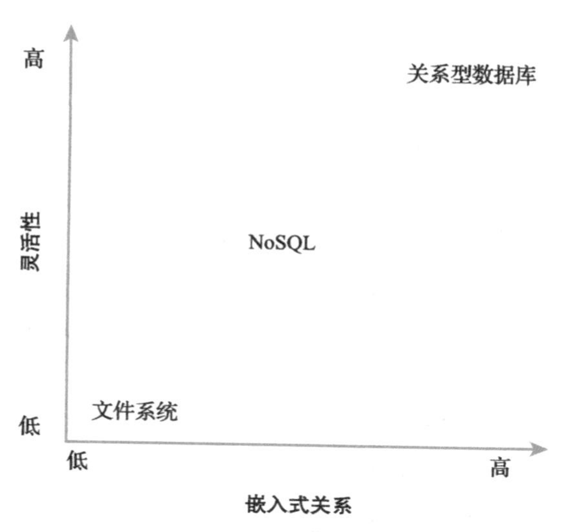

图 4-2　与灵活性相对的关系

在本规则中，我们将要讨论另一种数据存储方案，即谷歌的 MapReduce[2]。简而言之，MapReduce 就是指同时具有 Map 和 Reduce 功能。Map 功能使用键值对作为输入，并生成中间的键值对。输入的键可能是一个文件的名称或指向一个文件的指针。输入的值可能是由文件中所有单词组成的文件内容。Map 的输出被送到 reducer，它用一个程序将单词或短语分组，并将每个键的值放到该键的列表中。这是个相当微不足道的程序，其功能是按键进行排序和分组。这项技术的重大用途是支持使用许多服务器对庞大的数据集进行分布式计算。

结合两个数据存储替代方案的技术示例是 Apache 的 Hadoop。它是受到前面提到的谷歌 MapReduce 和谷歌文件系统的启发而研制的。Hadoop 是拥有高度可扩展性的文件系统，同时又具备存储和检索数据的分布式处理特性。

到目前为止，我们已经介绍了几个可能比数据库更好的数据存储选项。与有无数存储系统可选择一样，也有无数数据特性需要考虑，在做选择时，你到底应该考虑哪些特性？最重要的几个是元素之间所需的关联度、方案成长的速度和数据读写的比率（以及是否存在数据被潜在更新的可能）。最后，我们对数据能带来多少效益很感兴趣（即是否有利可图），因为我们不希望系统成本超过它所能带来的价值。

数据之间的关联度很重要，因为它决定了系统的灵活性、成本和研发时间。设想一下交易事务的存储困难，这涉及将用户的个人资料、支付、购买等信息存入键值存储，然后通过像购物单之类的方式来检索某方面的信息。尽管同样可以使用文件系统或 NoSQL 产品来实现，但研发成本可能很高，将结果返回给用户也会耗费很多时间。

预期增长率很重要，因为该速度最终将影响系统成本和系统对用户的响应时间。如果数据实体之间存在着很高的关联度，在将来某一时刻用尽支持单一集成数据库的硬件和处理能力之后，会驱使我们将数据库拆分成多个实例。

读写比率也很重要，因为它可以帮助我们了解到底需要什么样的系统。写一次、读多次的数据可以简单地放在一个文件系统中，加上某种应用、文件或对象缓存。图像是很好的系统例子，这类系统通常可以存储在文件系统中。写入之后又更新的数据，或具有很高写与读比例的数据，存储在 NoSQL 或关系型数据库中更合适。

综合考虑不同因素，可得到另一个立方体，图 4-3 展示了三个方面的考虑因素以及彼此之间的依赖关系。请注意，随着 X、Y 和 Z 轴的增长，最终方案的成本也相应增加。如果存在高关联度（如图 4-3 的右上部分和后面的部分所示）、快速增长和解决读写冲突的情况，可能要在几个小型关系型数据库管理系统上付出较高的代价。这既包括研发成本，也包括系统及维护成本，甚至还涉及数据库许可证方面的费用。如果增长和数量较小，但关联度仍然很高，同时必须解决读写冲突，在这种情况下可以使用具有高可用性的单一集成数据库集群。

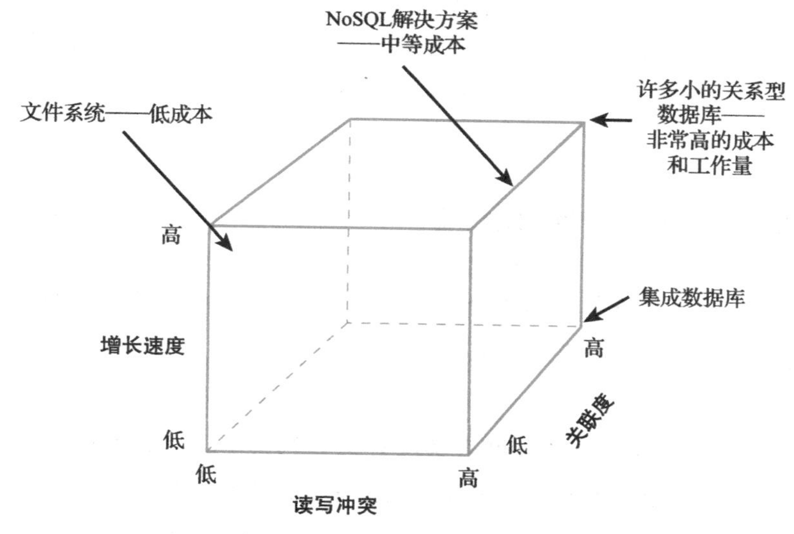

图 4-3　解决方案决策立方体

如果稍稍放松对关联度的强调，我们就可以使用一些 NoSQL 产品。这将会解决读写冲突，并支持几乎任何级别的增长。这里我们再次看到关联度决定了成本和系统的复杂性，这是本书第 8 章将要探讨的主题。这些NoSQL产品的成本较低。最后，对于关联度需求低、读写冲突也不是问题的情况，可以使用低成本的文件系统作为解决方案。

对数据货币价值的理解至关重要，正如许多挣扎中的初创公司所经历的，在高档次的存储系统上自由存储数太字节的用户数据会快速耗尽资本。一个可能更加行之有效的方法是层次化地存储数据；随着数据在访问日期方面不断老化，不断将老化数据转移到更便宜并且存取较慢的存储介质上。我们将其称为数据的成本价值困局，即随时间的推移，数据的价值逐渐减少，保存它的成本逐渐增加。第12章的规则47中将更多地讨论这个困局，并且讨论如何在保证低成本的前提下有效地解决这个难题。

规则15——慎重使用防火墙

内容：只有在能够显著降低风险时才使用防火墙。要认识到防火墙会导致可扩展性和可用性的问题。

场景：总是。

用法：可以使用防火墙来满足关键的PII、PCI（支付卡行业）的合规性要求。不要用在低价值的静态内容防护上。

原因：防火墙会降低可用性并引起不必要的可扩展性瓶颈。

要点：防火墙虽有用，但常被滥用，设计和实施不当会带来可用性和可扩展性问题。

采取安全措施的决策应当最终能经得起利润最大化的考验。总体说来，安全是降低风险的举措。反过来，风险是事件发生的概率及其如果发生可能带来影响或破坏的函数。在某些情形下，防火墙有助于通过降低事件发生的概率来管理风险。有些实施以额外资本的支出为代价，有些会影响可用性（因此影响交易收入或者客户满意度），而且经常会带来可扩展性问题：在网络或者交易流量上出现难以扩展的瓶颈。不幸的是，太多的公司把防火墙当成是安全的全部。他们过度使用防火墙，却轻视其他那些能使系统更加安全的措施。我们不能夸大防火墙对可用性的影响。在我们的经验中，防火墙失败是仅次于数据库的第二大网站瘫痪黑手。因此，本规则旨在减少防火墙的使用数量。但是要记住，在削减那些不必要或者本来就是负担的防火墙的同时，应该还有很多其他可以加强安全的事情可做。

在实践中，我们把防火墙看成是外围的安全设备，作用是使获取产品的预期成本和实际成本都加大。这一点与房锁有类似的作用。事实上，用家来类比防火墙是恰当的，所以我们将会继续丰富这个类比。

家的有些区域是不太可能上锁的；例如，你可能不会把房前的花园锁起来的。你可能会把某些价值相对较低的东西放在门前，例如浇水用的管子和园艺工具。即使知道放在车库里更安全，也很可能会把汽车停在外面，因为你知道大多数盗贼要绕过汽车的安全系统需要时间。几乎肯定你会在房子外面的大门上加锁甚至是防盗锁，很有可能会在浴室和卧室里使用较小的隐私保护锁。家里的其他房间，包括壁橱，可能不准备锁。为什么我们的安全措施有这么多的差别？

尽管房子的某些区域对你很有价值，但其价值不足以引吸引其他人来盗窃。虽然你非常看重自己的前院，但是可能不会想到有人会带着铁锹来挖土，然后重新栽花种草。你更关心的或许是有人骑着脚踏车穿过前院，破坏草坪或者自动喷灌头，但是这些问题不会促使你去额外花钱增加栅栏（装饰性质的除外），破坏自己和邻里的景观。

室内的门的确有锁，但其目的纯粹是为了保护个人隐私。大多数室内门锁设计的目的不是为了阻止心怀歹意的侵入者。我们不给室内的门加普通锁和防盗锁，是因为这种锁的存在会给房主带来更多麻烦，而且这些不必要的麻烦无法体现出额外安全所带来的价值。

现在来考虑一下产品。有些东西对你来说很重要，诸如静态图像、CSS 文件、JavaScript 等，但是它们确实并不需要高端的安全防护。在大多数情况下，你可以通过网络外的边界缓存或者内容分发网络（CDN）把它们分发出去（参见第 6 章）。因此，我们不应该让这些对象在网络传输上增加不必要的一跳（防火墙），因为那样结果可能会造成可用性降低和可扩展性受限。可以通过私有网络的 IP 地址分发这些对象，而且只允许访问端口 80 和 443，从而在降低成本的同时减少防火墙的负载。

重新回到防火墙的价值和成本，让我们尝试建立有助于决定何时何地实施防火墙的思考框架。前面已经说明防火墙成本包括以下几部分：购买成本，因增加防火墙而产生的额外扩展，以及防火墙作为事务处理关键路径上的新增设备，因其失败对可用性带来的影响。另外，那些想在我们这里偷窃或伤害产品的人，当其行为被防火墙阻止时，防火墙的价值得以体现。表 4-1 展示了一个矩阵，给出了一些在实施防火墙过程中需要考虑的关键决策依据。

表 4-1 实施防火墙的决策矩阵

资产对坏蛋的价值	防火墙成本	举例	是否实施
低	高	CSS、静态图像、JavaScript	否
低	中	产品目录、搜索服务	否
中	中	关键业务功能	可能
高	低	个人敏感信息（例如社会安全号码和信用卡），密码重置信息	是

或许你已经注意到，被保护资产对“坏蛋”的价值和防火墙成本之间几乎呈相反关系。这种关系并不总是成立，但是在我们客户的许多产品中，这个关系是成立的。静态对象的参考链接是页面上大多数对象的请求，而且经常是网页中份量最重的部分。因此，假定对事务处理速度和吞吐量有一定的要求，那么这对防火墙而言，代价似乎很高。当我们发现它们对潜在的坏蛋而言没有什么价值时，防火墙的代价就更大了。价值高指的是对可用性的潜在影响大，被保护资产价值与其是否成为坏蛋企图聚焦的可能性相关，投入在低资产价值防护上对我们没有业务价值。我们只需要保证它们部署在内网 IP 空间（例如，类似 10.X.Y.Z 的地址）而且只能通过端口 80 和 443 去访问就可以了。

另一方面，诸如信用卡、银行账户信息和社会安全号码这些信息，对坏蛋而言，它们的价值很高。而保护它们所需要付出的代价较低，因为相对于很多其他的对象，被访问的频度不高。所以我们应该把它们锁起来。

处在中间的是那些需要平台提供服务的其他请求。让用户的每个搜索都通过防火墙过滤很可能没有太大价值。我们在保护什么？服务器本身吗？可以通过包过滤器、路由器以及与运营商的合作关系来防止诸如DDOS攻击，以保护的资产。也可以通过对系统端口的访问限制来阻断其他的安全威胁。如果坏蛋对我们的平台没有巨大的动机，就不要好像系统里面藏有皇冠上的明珠一样如临大敌，进而采取过度的安全防护措施，这会耗费大量资金而且降低系统的可用性。

如果必须使用防火墙，在预算允许的前提下，我们建议按照泳道理论对其进行隔离。如前所述，防火墙和负载均衡器是常见的故障点，但是成本很高。在理想情况下，每个泳道都应该部署自己的防火墙和负载均衡器以将故障的影响最小化，我们将在第9章的规则36中讨论这个问题。

现在不少公司都部署了SDN（Software-defined network，软件定义的网络），把网络设备（如防火墙）的控制和管理从硬件本身分离出来。这么做的结果是把防火墙规则的管理中心化，可以使那些必须通过防火墙的网络流量管理起来更简单。与NVF（network function virtualization，网络功能虚拟化）结合，可以利用商品化硬件，结合高可用集群技术，来构建防火墙的解决方案。然而，引入任何多余的网络节点，无论你怎么实施都会降低系统的可用性，增加网络的延迟时间，这一点很重要，一定要记住。

总之，不要以为任何东西都应该享有同等的安全防护。部署防火墙是个业务决策，目的是为了降低风险，代价是降低可用性并增加成本。很多公司把防火墙当成是唯一的选择，如果网站里有些东西就一定要用防火墙来保护，事实上防火墙只是有助于降低风险的很多种可选工具之一。并不是每样产品都值得动用防火墙耗费成本和降低可用性去保护。防火墙的决策，与所有其他业务决策一样，也应当权衡利弊，不能不假思索地机械执行。从可扩展性角度看，防火墙很容易成为最大的瓶颈。

规则16——积极使用日志文件

内容： 使用应用日志文件来诊断和预防问题。

场景： 制订监控日志文件的过程，迫使人们对发现的问题采取行动。

用法： 使用任何监控工具，从自定义脚本到Splunk或者ELK框架，监视应用日志中的错误。导出这些错误信息，然后安排资源去确定和解决问题。

原因： 日志文件是有关应用执行的绝好信息来源，不要轻易抛弃。

要点： 若充分利用好日志文件，生产问题将越来越少，且当问题出现时可迅速定位解决。

工欲善其事，必先利其器！日志文件很可能存在于所有的工具箱里，但却经常被忽略。幸运的是，新工具不断涌现使我们可以轻而易举地采用新手段来使用和监控日志文件。除非有意关闭网络和应用服务器日志，几乎所有网络应用都会配备error和access日志。Apache有error和access日志，Tomcat有java.util.logging或者Log4j日志，WebSphere有SystemErr和SystemOut日志。当事件发生时，这些日志对发现和确定问题有难以估量的价值。也可以赶在事件发生之前，利用日志文件积极主动地调试应用。日志有助于洞悉那些可能阻碍应用扩展的性能问题和可能发生的错误。为使日志得到最佳应用需要遵循以下几个重要的步骤。

使用日志文件的第一步是数据聚合。一个系统或许有几十甚至上百个服务器，需要把这些数据放在一起以便使用。如果数据大到无法放在一起，我们可以采用抽样的方法，每 N 个服务器抽一个。另外一种策略是把几个服务器的日志文件聚合到一个日志服务器上，然后把这批聚合到一半的数据传输到最终的日志聚合处。如图 4-4 所示，专用的日志服务器可以聚合日志数据然后发送到数据存储。聚合一般是通过独立的网络完成，不走生产流量相关的网络。目的是想避免日志、监控和数据聚合影响生产流量。分布式计算和存储的进步使我们能以较低的成本在一个隔离的环境中消费和处理像日志这样的大型数据文件。

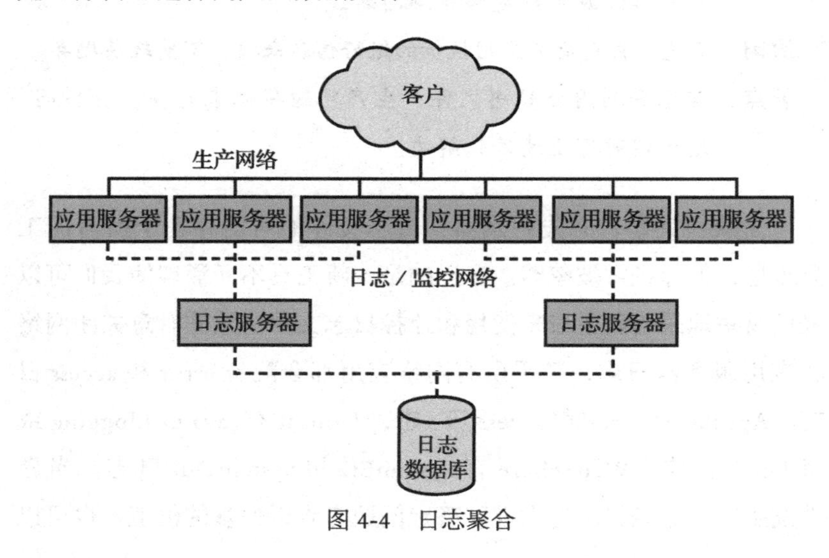

图 4-4　日志聚合

下一步是监控这些日志。耐人寻味的是许多公司花费时间和计算资源去获得和聚合日志，但却束之高阁。只局限在事件发生时使用日志文件帮助系统恢复服务，并不是日志的最佳用武之地。更好的方法是使用自动化的工具来监控这些文件。这些监控可以通过自定义的shell脚本来从文件中检索目标行、统计错误，而且当监控值超过预警线时发出警告。有更多诸如Cricket或Cacti等包含图形功能的复杂工具。Splunk是一款结合了日志聚合和监控的工具。

像Splunk这样的工具和ELK（Elasticsearch, Logstash, Kibana）这样的框架都整合了日志聚合和监控功能。ELK框架是一套独立的开源解决方案，这些独立的软件可以同步工作以提供一个易于集成的综合监控堆栈。ELK的实施从Logstash开始，类似于Extract, Transform, and Load（ETL）软件，它可以从来自各种不同的输入（即日志文件）中抽取数据，然后进行格式转换，最后把转换后的数据送入Elasticsearch。Elasticsearch是一个分布式的数据存储和搜索引擎，可以通过对大量数据进行索引以便快速和轻松地查询。如此一来，可以对像某个服务在给定时间范围内的响应时间的平均值、最大值和最小值，以及不同类型的错误统计进行监控。最后一个组成部分是Kibana，这是一个数据可视化工具，可以用图表的方式展示实时产生的监控指标。通过使用Kibana，可以快速发现监控指标是否落在统计过程控制计算的期望值带宽以外（参见第12章中的规则49），并设置警报线，当触发时发出报警通知。这有助于发现问题的苗头，甚至可以在问题从业务指标上体现出来之前做好事件管理。

除了在事件中对你有所帮助外，日志文件也是应用调试的一个重要资源。一旦完成日志聚合和错误监控后，最后一步就是采取行动解决问题。这需要配备技术和 QA 资源来发现与每个问题相关联的常见错误。通常情况下，应用中的一个缺陷可能会导致许多种不同的错误。发现缺陷的工程师也可能被指派去解决缺陷，或安排其他的工程师。

我们希望看到日志文件中完全没有错误，但我们知道这是不可能的。尽管在应用日志文件中出现一些错误是司空见惯的，但是应该建立一个过程来确保不让它们失控或被忽视。有些团队每隔三或四个发布周期就定期清理所有不需要立即采取行动的错误。这些错误可能是一些简单的没有做重定向配置或没有对应用中已知的错误条件进行处理导致的。

必须牢记日志是有代价的。这不仅包括保持额外数据的成本，往往也包括事务处理响应时间的代价。随着时间的推移，数据的价值在降低，因此可以通过日志汇总、归档和清除来降低存储成本（参见规则 47）。也可以通过异步方式记录日志以减少对事务处理响应时间的影响。最后，必须要注意日志的成本，无论是记录多少日志还是保存多少数据，都要做出符合成本效益的决策。

希望我们已经说服你，日志是监控、事件管理以及应用调试所需要的一个重要工具。通过简单地使用这个工具，可以大大地提高应用的客户体验和可扩展性。

总结

使用合适的工具来完成工作在任何学科中都是很重要的。正如大家不想见到管道工只带着一把锤子到你家里修理管道一样，客户和投资者也不希望你带着单一的工具来解决具有不同特点和要求的各种问题。汇集各团队的不同解决方案，以避免落入马斯洛锤子的陷阱。关于该主题的最后一句忠告是，引进每项新技术都需要另外一种技能来支持。尽管工作中使用合适的工具很重要，但是不要过度强调专业化，以至于没有足够深度的技能来支持。

注释

1. Edgar F. Codd, " A Relational Model of Data for Large Shared Data Banks, " 1970,www.seas.upenn.edu/~zives/03f/cis550/codd.pdf.
2. Jeffrey Dean and Sanjay Ghemawat, " MapReduce: Simplified Data Processing on Large Clusters, " Google Research Publications, http://research.google.com/archive/mapreduce.html.

第5章 画龙点睛

你可能没有听说过康菲尼迪，但很可能知道其标志性产品，PayPal。今天，这个名字是通过互联网在世界各地转账的同义词，但是最初这个应用却是为了让个人之间可以通过 Palm Pilot 这样的手持设备面对面地转账[1]。康菲尼迪是由马克斯·列夫琴、彼得·蒂尔和卢克·诺斯克在 1998 年 12 月建立的。在公司的成立晚会上，诺基亚风投的人用了大约 5 秒钟的时间，使用该软件把 300 万美元当面转到了康菲尼迪首席执行官蒂尔的掌上电脑上。蒂尔说："在现实世界中，大多数交易都是远离桌面直接在人与人之间发生的。[2]" 20 世纪 90 年代末的情况的确如此，然而在 2000 年后，零售业四分之三的销售额增长已经发生在在线渠道。排除汽车、汽油和食品杂货，网上销售已经占了零售的 16%，并继续以每年 15% 左右的速度扩张[3]。

2000 年 3 月，康菲尼迪与伊隆·马斯克创立的在线银行 X.com 合并，并在企业重组后将公司更名为 PayPal。尽管该软件第一个版本的设计目的是面对面转账，但是 PayPal 团队很快就意识到电子商务的巨大增长空间。他们取消了移动服务，把精力聚焦于在线上支付。当面交易的概念瞬间转化为异地支付。

可想而知，在互联网的早期人们对线上支付缺乏信任。如果有人当面转账，但交易无法立即显示出来，你可能会对支付系统的准确性有所担心。然而，当两个人在 eBay 或其他电子商务网站进行交易时，他们很少会（可能永远也不会）在家用电脑前，同时在电话上彼此等待付款的完成。此外，银行几十年来一直在使用待完成交易的概念。网上银行业务让我们有机会接触到这些先发生再结算的待完成交易。

在我负责 PayPal 技术和架构的阶段以及我个人作为 PayPal 产品用户的时期，PayPal 历来坚持同步转账。在账户数据库中，付款账户和收款账户的余额调整必须发生在同一个事务中。无论是原来公司背景的束缚，还是自己的短视，现在都追悔莫及。此约束导致了无尽的扩展性问题，如果我们当初把账户放在较小的数据库中，同时利用事务挂起来确保资金在账户之间准确地转移，问题就可以迎刃而解。可扩展性问题解决方案的成本会随着时间的推移而逐步下降（已经赚回了不知道多少倍），产品的整体可用性也会显著上升。

计算机科学家吉姆·格雷因为提出了定义可靠事务系统的四个属性，又名关系型数据库，而获得图灵奖。这就是我们耳熟能详的 ACID——原子性（atomicity）、一致性（consistency）、隔离性（isolation）和持久性（durability）。关系型数据库确保原子性，亦即在涉及两个或多个离散信息的事务中，要么所有的信息都提交，要么就都不提交。在 PayPal 的例子中，给收款人的账户加钱和从付款人账户扣钱两件事必须都要发生，否则该事务失败，结果是哪个账户都不修改。我们经常把这种类型的限制称为时间约束，因为这要求收款和付款账户的变更必须同时而非异步发生。该约束经常和 ACID 属性中的一致性相关。一致性要求事务要么创建新的有效数据，要么所有数据都恢复到事务开始前的状态。关系型数据库可以很容易地实现这一点，因为数据库引擎可确保一致性。PayPal 在本世纪初经历了指数级的增长。2001 年一个季度的交易收入达到 1320 万美元，超过了过去一整年的收入[4]。这种惊人的增长持续了多年。2006 年的年度支付总量增长率（TPV）甚至超过 36%[6]。所有这些交易都发生在单个数据库实例上，从而成为可扩展性的噩梦。

PayPal 的技术和架构团队经年累月不懈地努力，以确保单一的交易数据库可以持续地发挥作用。他们尝试了无数的解决方案，包括可怕的两阶段提交（2PC）导致的 24.0 灾难（参见第 8 章），最终依靠 Y 轴拆分（参见第 2 章中的规则 8）将非事务性服务从主要数据库中分离出来。研发者和架构师为此扩展性挑战投入了大量资源，如果用小时、天、月和年来计算，其结果可能非常惊人。所有这些工作，服务中断和可扩展性问题，都是因为业务拒绝放松从第一个产品的 DNA 中所继承来的根深蒂固的时间约束。PayPal 的客户对此关心吗？虽然可能有一些人可能会注意到而且抱怨，但是很可能这并不会对收入、增长或者 TPV 带来显著的影响。要具体地回答这个问题只需要做一个简单的实验，在实验中，我们故意把交易标记为等待一段时间。按照客户分片（Z 轴拆分；参见第 2 章中的规则 9）以及一个事务挂起的简单方案，就会使 PayPal 的持久存储层简单而有效地得以扩展。这是有时候在没有真正理解扩展约束是否会对我们的客户产生影响之前，就把自己束缚起来的一个典型案例。假如时光倒流回到过去，要想纠正错误，从我们所教授的课程中……

如果在咨询活动开始时我们就说“如果要扩展，必须首先突破自己”，无疑，我们的客户会争辩说他们不是系统扩展的绊脚石。我们在PayPal的经历却被不幸言中。在许多情况下，我们的客户因为他们过去的决策妨碍着自己的扩展。事实上，不对这些约束做必要的变革本质上就是每天都在做出相同的决定。如果对此有异议，你可以考虑采用财务工具对沉没成本进行分析。这是投资者用来确定是否应该保留某个特定投资的方法，尽管投资已经完成但是可能会出现损失。经济学家们认为理性的投资者不应该因为以前的投资（沉没成本）而影响其继续持有该投资的决策。那些受影响的投资者没有根据自己的情况来评估自己的决策。本章将会讨论如何针对系统做出必要决定的三条规则。如果因为你对状态、跳转或数据一致性所做的决策限制了系统的扩展，可以考虑改弦易辙以改变系统。

规则17——避免画蛇添足

内容： 避免翻来覆去地检查刚完成的工作或马上读取刚写入的数据。

场景： 总是（参考下面的解释）。

用法： 避免为了确认操作是否有效而读取刚写入的数据，如近期处理需要，可把数据存储在本地或分布式缓存。

原因： 与不太可能出现的操作失败所产生的成本相比，确认操作成本更高。而且这类活动与有效扩展相背离。

要点： 永远不要为确认操作是否有效而读取刚刚写入的数据。相信持久层会对写入的相关数据出现无法读取或操作失败时发出通知。通过把数据储存在本地而避免对近期写入的数据进行其他类型的读操作。

木匠有句话："量两遍切一次。"这句话可能是你从高中木工车间的老师那里学到的——这个老师可能已经失去了一根手指。先不管数字本身，这种说法背后的逻辑合理而且是建立在实践经验之上。在切割之前，最好先验证一下测量，如果因为测量不当而切出一块尺寸错误的无用木板可能只会增加废品。这样的安排不是我们想讨论的。相反，我们旨在杜绝另外一种浪费：写入后立即验证刚写入的数据，这类似于木工切割后的测量。

在过去的几年里，我们惊讶地发现自己经常这样问客户，"读取和验证刚写入的数据有什么意义？"有时候，客户对此可能会有深思熟虑的考虑，但迄今为止我们还没有看到一个合理的原因。更多的时候，客户的反应让我们想起刚刚做错事的孩子。那些告诉我们经过深思熟虑的（尽管我们认为是对价值的破坏）是，他们的应用不仅要写入数据，而且需要绝对保证写入正确。请记住，大多数客户拥有的都是SaaS或者电子商务平台；他们并不是在运行核电设施、把人送入太空、控制数千架满载旅客的飞机或者治愈癌症。

对写入和计算失败的恐惧长期驱使着研发人员画蛇添足。在计算的黑暗时代，这种恐惧也许是合理的，在20世纪70年代末和80年代初，分别由Tandem和Stratus设计研发的容错计算机至少要对此负部分负责。这些系统的主要驱动力是在系统中通过冗余CPU、存储、内存、存储路径和内存路径等来提高平均无故障时间（MTTF）。这些计算机中的某些型号沿着并行路径来比较计算和存储操作的结果以验证系统是否正常工作。本书的作者之一曾参与老化的Stratus小型机应用研发，在他工作的两年时间里，系统从未发现在两个处理器之间出现过计算失败或写入内存或磁盘发生故障。

如今，这些担忧远不如从20世纪70年代末到80年代末这段时间。事实上，当我们询问客户关于立即读取刚写入数据的失败率时，答案相当一致："从来没有。"除非他们不妥当地处理写操作返回的错误码，否则永远都不会出现失败。当然，时不时会发生数据损坏，但在大多数情况下，数据损坏是在实际写入时发现的。读取刚写入的数据使系统事倍功半。反过来也会降低利润率和盈利能力。较好的方案是直接读取正在执行的操作返回数据，并相信它的正确性，从而提高有价值的事务处理量。在这里做个侧面说明，对数据损坏最稳妥的保护措施是合理地实现系统的高可用性，并有多个数据副本，如备用数据库或存储复制（参见第9章）。理想情况下最终实现多活（参见第3章中的规则12）。

当然，并不是每个"读取刚写入数据"活动都是热心工程师试图对其刚写入的数据进行验证。有时是用户立即请求刚写入数据导致的。对此，我们的问题是为什么这些客户（和应用或浏览器）不把常用的（包括刚写入的）数据存储在本地。如果知道可能会用到刚写入的数据，就该把它存在本地。大多数产品的注册流程就是常见的好例子。通常系统希望把即将提交并永久注册的“记录”展现给用户。另一个例子可能是大多数电子商务网站的购物车系统嵌入的购买流程。不管哪种情况，如果所写入的数据会在不久的将来被用到，就应当通过缓存留住它。更多有关如何缓存及缓存什么，请参见第 6 章。在为用户提供可能立即需要的数据时，有一个非常好的技巧是直接将数据展现在客户屏幕上（应用或浏览器），而不是再发出数据请求。或通过 URI 传递数据并在随后的页面中使用。

前面所有这些段落的重点是要说明，加倍的读写活动会降低系统以成本效益的方式扩展的能力。事实上，它会使交易成本加倍。因此，虽然你可能为避免写操作失败引发数百万美元损失而设计一个解决方案，但可能为此投入数千万美元来完善额外的基础设施。在我们的经验中，这种研发时间和基础设施的投入，很少甚至从来就没有降低类似风险的案例。读取刚写入数据在大多数情况下是不好的，它不仅使成本翻倍而且限制了可扩展性，同时降低风险所带来的价值很少能与成本相称。诚然，在某些情况下它是必要的，但是这与由许多技术团队和企业验证过的合理情况相比数量要少得多。

细心的读者可能会发现我们的规则之间存在着相互矛盾。在系统的本地存储信息可能意味着状态，那就需要有效地绑定服务器。因此，违反了第 10 章中的规则 40。宏观地看，在研发应用时尽可能保持无状态与确保不要读取刚写入的数据之间，确实要被迫做出选择。如此说来，我们的规则具有普遍性而不是具体性指导意义。绝不要重复工作而且应用尽量要保持基本上无状态。这两个陈述有时是冲突的？对，冲突能解决吗？一定能！

解决这类规则之间的矛盾问题，我们采取宏观的方式。我们想要一个既不浪费资源（就像读取刚写入的数据），还可以试图保持在第10章中讨论的无状态系统。要做到这一点，我们绝不仅为验证而读取数据。有时候，我们可能为了响应速度和可扩展性选择服务器的黏性，而放弃避免读取刚写入数据的原则。虽然这意味着要维持状态，但仅限于那些必须读取刚写入数据的事务处理。虽然这种方法会导致我们违反无状态的规则，但是却完全合情合理，因为我们通过为有限的一组操作引入状态，而在事实上降低成本并提高了可扩展性，这与通常的做法大相径庭。

与任何规则一样，这里也可能存在着例外。如果你所在的监管环境要求对特定数据的所有操作都必须进行100%的验证、加密并备份，那该怎么办？我们不确定是否有这样的环境存在，即使它确实存在，我们几乎总是可以解除对立即读取刚写入数据的限制来满足这些要求。下述清单列出了一些有必须回答的问题以及可以采取的步骤，以解决读取刚写入数据而阻碍用户交易进行的问题。

- **监管/法律的要求**——这么做是监管或法律要求吗？如果是，确定解读得正确吗？监管很少会详细提出与用户交易同步的要求。即便如此，这样的要求很少（可能永远都不会）绝对适用于一切活动。
- **差异化竞争的需要**——这么做提供了差异化的竞争优势吗？小心——“是”是一个太普通而且经常不正确的答案。鉴于所期望的失败率很低，很难相信你因为比竞争对手多检查一次，正确处理了万分之一的失败率而能在竞争中胜出。把这一点包括在营销宣传中，看看它有多大的吸引力。

- **异步完成**——如果确实要读取刚写入后的数据，以满足监管提出的验证要求（尽管存疑但是有可能）或者形成差异化竞争优势（如前所述不仅仅是存疑），那么可以考虑异步。在本地写入但是不妨碍事务处理。通过依托日志重建数据，处理好交易过程中出现的任何故障，放入消息队列中重新处理，退一万步讲，如果发生小概率事件数据真的丢失，那么还可以让用户再次输入。如果失败是发生在为获得高可用性而将数据复制到远程作为备份的过程中，再复制一次就可以解决问题。在任何情况下都不能因为要等待写入两个数据源同步而妨碍用户的进程。
- **善意地蒙骗用户**——如果只是需要在相同或随后的页面上展示数据，那么可以采用小技巧把数据直接写在页面上或者通过 URI 传递数据。这不仅能够以低成本的方式消除随后的数据库读取，而且能给用户带来理想的体验。

规则 18——停止重定向

内容：如有可能，避免重定向；确实需要时，采用正确的方法。

场景：总是。

用法：如需要重定向，考虑通过服务器配置来实现，而不是利用 HTML 或者其他基于代码的解决方案。

原因：总体说来，重定向会延迟用户进程，消耗计算资源，造成错误，不利于页面在搜索引擎中的排名。

要点：正确而且仅在必要时使用重定向。

有许多理由要求进行重定向。包括跟踪点击的内容或者广告，误拼了域名（例如，afkpartners.com，应该是akfpartners.com）、别名或者短域名（例如，akfpartners.com/news，而不是akfpartners.com/news/index.php），或者域名变更（例如，从akf-consulting.com变成akfpartners.com）。甚至有一个叫PRG（Post/Redirect/Get）的设计模式用来避免一些表格的重复提交。这种模式基本上是在表格提交时调用POST操作来使浏览器重定向，倾向于以HTTP 303来响应。所有这些甚至更多，都是将用户重定向到其他网页的理由。然而，像任何好的工具一样，重定向存在着使用不当的情况，这就像用螺丝刀代替锤子一样，或者更常见的例子，工欲善其事却不先利其器。这些问题最后都以差强人意的结果而结束。让我们先根据HTTP标准来讨论一下重定向。

根据超文本传输协议RFC 2616[6]有好几段重定向代码，包括较常见的“301永久迁移”和“302发现临时重定向”。这些代码都放在重定向3xx标题下，是指一类需要用户采取进一步行动才能满足请求的状态代码。下面给出HTTP 3xx代码的完整列表。

HTTP 3xx 状态码

- 300 多项选择（Multiple Choices）——表示被请求的资源对应于所提供的众多来源中的某一个，用户可以优选其中的一个。
- 301 永久迁移（Moved Permanently）——表示被请求的资源已分配给了一个新的永久URI，未来任何对该资源的引用应该使用返回的URI。
- 302 页面找到（Found）——表示被请求的资源暂时驻留在不同

的 URI，但客户端应该可以继续使用目前的 URI 来发出请求。

- 303 参见其他（See Other）——表示被请求的资源可以在不同的 URI 下找到，应该用 GET 去检索。该方法主要是为 PRG 这种模式设计的，允许 POST 把输出重定向到用户代理。
- 304 未被修改（Not Modified）——表示如果客户端发出了具有条件性的 GET 且该请求得到了允许，但是文档并没有被修改，那么服务器应该以此状态码响应。
- 305 使用代理（Use Proxy）——表示被请求的资源必须通过指定的代理访问。
- 306（保留）(Unused)——在规范中此状态码已经不再使用。
- 307 临时重定向（Temporary Redirect）——表示请求的资源暂时驻留在不同的 URI。

所以，我们一致认为有许多合理的理由需要使用重定向，而且 HTTP 标准甚至为各种类型的重定向定义了状态码。那么重定向到底有什么问题？问题在于重定向有多种方法，有些方法在资源利用和性能方面比其他的方法好，但比较难于控制。让我们来研究把用户从一个 URI 重定向到另一个 URI 的一些最常见的方法，并讨论各自的利弊。

将用户从一个页面或域重定向到另一个的最简单方法是构建一个 HTML 页面，要求用户通过点击一个链接跳转到正在尝试检索的真正资源。页面看起来可能像这样：

```
<html><head></head><body>
[em]<p>Please click <a href="http://www.akfpartners.com/
techblog">here for your requested page</a></p>
</body></html>
```

该方法最大的问题是需要用户再次点击以检索他们希望查看的真实页面。略好一些的方法是使用 HTML 重定向元标签“refresh”并自动将新页面发送到用户的浏览器。这段 HTML 代码如下所示：

```
<html><head>
[em]<meta http-equiv="Refresh" content="0;
url=http://www.akfpartners.com/techblog" />
</head><body>
[em]<p>In case your page doesn't automatically refresh, click
<a href="http://www.akfpartners.com/techblog">here for your
requested page</a></p>
</body></html>
```

尽管这使我们解决了用户交互问题，但仍然是在浪费资源，网络服务器接收一个请求然后给浏览器返回一个页面，而浏览器必须要先解析 HTML 代码然后才能重定向。另一个更复杂的处理方法是通过代码完成重定向。几乎所有的语言都允许重定向；PHP 代码可能如下所示：

```
<?
Header( "HTTP/1.1 301 Moved Permanently" );
Header( "Location: http://www.akfpartners.com/techblog" );
?>
```

这段代码的好处是不需要浏览器解析 HTML，而是通过头字段中的 HTTP 状态码进行重定向。HTTP 的头字段通过定义了各种数据传输特性，包含请求或响应的操作参数。前面的 PHP 代码会产生以下结果：

```
HTTP/1.1 301 Moved Permanently
Date: Mon, 11 Oct 2010 19:39:39 GMT
Server: Apache/2.2.9 (Fedora)
X-Powered-By: PHP/5.2.6
Location: http://www.akfpartners.com/techblog
Cache-Control: max-age=3600
Expires: Mon, 11 Oct 2010 20:39:39 GMT
Vary: Accept-Encoding,User-Agent
Content-Type: text/html; charset=UTF-8
```

虽然我们现在可以通过在头字段使用 HTTP 状态码来改进重定向，但是我们仍然需要服务器来解释 PHP 脚本。如果不想通过解释或执行代码完成重定向，还可以请求嵌入在服务器中的模块完成重定向。Apache 网络服务器有 mod_alias 和 mod_rewrite 两个主要用于重定向的模块。mod_alias 最容易理解和实现，所能完成的事情不太复杂。该模块可支持 alias、aliasmatch、redirect 或 redirectmatch 命令。以下是 mod_alias 的实例：

```
Alias /image /www/html/image
Redirect /service http://foo2.akfpartners.com/service
```

mod_rewrite 模块比 mod_alias 模块复杂。根据 Apache 文档，该模块是“杀手级”的[7]，因为它提供了操纵 URL 的强大手段，但代价是复杂性增加了。通过重写 URL 地址把所有请求从 artofscale.com 或 www.artofscale.com 永久地（301 状态码）重定向到 theartofscalability.com 的例子如下：

```
RewriteEngine on
RewriteCond %{HTTP_HOST} ^artofscale.com$ [OR]
RewriteCond %{HTTP_HOST} ^www.artofscale.com$
RewriteRule ^/?(.*)$
"http\:\/\/theartofscalability\.com\/$1" [R=301,L]
```

更为复杂的是，Apache 允许调用这些模块的脚本放置在 .htaccess 文件或 httpd.conf 主配置文件中。然而，出于性能考虑，应以主配置文件为主，尽量避免使用 .htaccess 文件。[8] 当配置为允许使用 .htaccess 文件时，无论用或不用，Apache 都会在每个目录下寻找 .htaccess 文件，从而造成性能损失。另外，与启动时加载一次 httpd.conf 主配置文件不同，在每次请求一个文件时都要加载 .htaccess 文件。

我们已经看到了通过不同方法进行重定向的一些优点和缺点，希望对帮助你学习使用重定向工具起到指导意义。最后一个话题是必须确保使用合适的工具。理想情况下，我们希望彻底避免重定向。避免重定向有这么几个原因，它总是延迟用户获取所需资源，占用计算资源，而且重定向有很多可能被打断，继而影响用户浏览或对搜索引擎排名不利。

有几个直接来源于谷歌的重定向失败案例，这些失败搜索引擎机器人无法按照 URL 链接工作[9]。其中包括重定向错误、重定向循环、过长的 URL 和空地址重定向。你可能会以为构建重定向循环很难，但实际上它要比想象的容易得多，尽管大多数浏览器和机器人在检测到循环时会停止，但试图为那些请求提供服务却会占用大量的资源，更别提悲催的用户体验了。

正如本规则开头提到的，有时重定向确实是必要的，但稍加思索便可以有办法绕过。以点击跟踪为例。诚然，各类业务需要跟踪用户的点击，但与把用户请求发送到服务器在 access 日志或者应用日志中做点击记录，然后再将用户请求发送到所需的站点相比，可能会有更好的办法。一个替代方案是在浏览器中使用 onClick 事件处理程序通过调用 JavaScript 函数来处理。这个函数可以通过 PHP 等脚本请求一个 1×1 的像素来记录点击。该方案的优点是，它不需要用户的浏览器先请求页面或接收页面甚至通信包头，然后再开始加载所需要的页面。

遇到重定向，先想想是否有其他方法可以避开。正如在第 4 章中讨论过的，使用合适的工具很重要，重定向是专用的工具。如果实在没有其他选项，可以考虑如何最好地使用重定向工具。我们介绍了几种方法，并讨论了它们的利弊得失。应用的具体特点将决定最佳的选择。

规则 19——放宽时间约束

> **内容：** 尽可能放宽系统中的时间约束。
>
> **场景：** 当考虑在用户操作步骤之间，某些项目或对象必须保持某种状态的约束时。
>
> **用法：** 放宽业务规则的约束。
>
> **原因：** 因为大多数关系型数据库的 ACID 属性，要扩展带有时间约束的系统难度极高。
>
> **要点：** 认真考虑诸如某个产品从用户查看开始，到购买为止的时间约束的必要性。与让用户有些失望相比，系统因无法扩展而停止服务相比更为严重。

在数学和机器学习领域（人工智能）有一系列约束满足问题（CSP），即一组对象的状态必须满足某些约束条件。CSP 往往非常复杂，需要结合启发和组合搜索方法来解决[10]。数独（Sudoku）和地图着色问题可能是 CSP 的两个经典难题。数独游戏是在九宫格中添入从 1 到 9 的数字，每个数字在每个格子中只能使用一次。地图着色问题是给地图着色，要求共享的边界着不同的颜色。解决这个问题涉及用图来代表地图，每个区域一个顶点，区域分享一个边界相当于一个边连接两个顶点。

CSP 的一个更具体分类是时间约束满足问题（TCSP），变量代表事件，约束代表事件之间可能的时间。目标是确保满足所有约束条件的变量，确保场景之间保持一致性。强制已知的所谓变量局部一致性确保约束满足问题中所有的节点、弧和路径。机器学习和计算机科学中的许多问题可以作为 TCSP 的蓝本，包括机器视觉、调度和平面设计，在 SaaS 系统中的用例也被认为是 TCSP。

在 SaaS 应用中一个典型的时间约束案例是购买库存中的商品。用户在查看、放入购物车和购买产品的过程中存在着时间间隔。或许你会说，为了确保用户的绝佳体验，在整个购买过程中商品在库存中的状态要保持一致。这样做将要求应用在数据库中把商品标识为“已订”，直到用户离开网页、放弃购物车或完成购买。

在网站没有大量用户的时候，这么做是直截了当、相当正常的事情。用户查看 100 或更多个商品然后才把商品加入购物车的情况并不少见。我们甚至有个客户声称，用户在查看了 500 多个搜索结果后，才把一个产品添加到购物车中。在这种情况下，应用需要从数据库的副本中读取数据，以应对搜索和查看商品远比购买商品频繁的情形。问题就在于此；大多数的关系型数据库不擅长保持所有节点之间数据的一致性。从保持数据一致性来说，即使能以秒计的速度从副本或从属数据库中读取数据，当然，在极端情况下仍会出现两个用户都希望查看库存中最后一个可以购买的某个商品的情形。我们会回来解决这个问题，但首先我们来讨论为什么数据库使这个问题变得困难。

在第 2 章和第 4 章中，我们谈到利用关系型数据库的 ACID 属性（表 2-1）。一致性使关系型数据库的分布式扩展出现困难。以计算机科学家埃里克 · 布鲁尔命名的 CAP 定理，也称为布鲁尔定理，阐明尽管在分布式环境应用设计中有三个核心要求存在，但不可能同时满足所有三个要求。这些要求缩写成 CAP，它们分别是：

- **一致性**（Consistency）——从客户角度看，一组操作同时发生。
- **可用性**（Availability）——每个操作必须都能收到预期的响应。
- **分区容错性**（Partition tolerance）——即使个别消息丢失，操作仍然可以完成。

用来解决这个问题的方法叫 BASE，它代表着解决 CAP 问题的架构，即“基本可用（Basically Available）、软状态（Soft state）和最终一致（Eventually consistent）”。放宽 ACID 属性中的一致性可以使我们在解决扩展问题时有更大的灵活性。BASE 架构允许数据库最终一致。这可能是几分钟甚至几秒钟，正如前例所示，如果应用期望能够“锁定”数据，那么即使是毫秒级的不一致都可能会导致问题的发生。

重新设计系统来适应最终的一致性的方法是放宽时间约束。当用户只查看某个商品时，系统将不会保证该商品是可以购买的。当把该商品是放入购物车时，应用将在写数据库或主数据库中锁定记录。因为 ACID 属性，我们可以确保如果交易完成，则把该商品的记录标记为“锁定”，用户知道该商品已经预订后，就可以放心地继续购买。而其他的用户查看该商品时，就未必有货可供他们购买。

在应用中经常看到时间约束的另一个领域是，用户之间事物（资金）的传递或交流。本章开篇时提到的 PayPal 故事就是这类约束的一个非常好的实例。在同一数据库中，当用户 B 发出资金、信息或商品后，很容易保证用户 A 的账户立即收到。在多个副本中传播数据使这种一致性变得更加困难。解决这个问题的方法是降低需要有时间约束的即时传输期望。让用户 A 等待几秒后，再看到用户 B 发送的资金，这很可能是完全可以接受的。简而言之，大多数点对点的事物交换在系统中不进行同步传输。显然，同步沟通如聊天与此不同。

很容易在系统上设置时间约束，因为乍看起来，这么做有最好的客户体验。然而，在动手之前，要先考虑清楚约束给系统扩展所带来的长期后果。

总结

本章提出了三个规则来应对可能会限制系统扩展能力的决定。从不复查工作开始。购置昂贵的数据库和硬件以确保系统正确地记录事务和事件。不要指望它们能够不停地工作。重定向需求司空见惯，但过度使用该工具会导致从用户体验到搜索引擎索引等各种问题。阻止重定向泛滥失控。最后，考虑系统的业务需求。商品和对象的时间约束，使系统成本昂贵而且难以扩展。仔细考虑这些决策的实际成本和收益。

注释

1. Karlin Lillington, "PayPal Puts Dough in Your Palm," *Wired*, July 27, 1999, www.wired.com/1999/07/paypal-puts-dough-in-your-palm/.
2. Karlin Lillington, "It's Now Beam Me a Loan, Scotty," *Irish Times*, www.irishtimes.

com/business/it-s-now-beam-me-a-loan-scotty-1.212019.

3. Marco Kesteloo and Nick Hodson, "2015 Retail Trends," Strategy&, www.strategyand.pwc.com/perspectives/2015-retail-trends.
4. Eric M. Jackson, ***The PayPal Wars: Battles with eBay, the Media, the Mafia, and the Rest of Planet Earth*** (Los Angeles: World Ahead Publishing, 2004).
5. Chris Skinner, " Celebrating PayPal's Centenary, " http://thefinanser.com/2007/04/celebrating-paypals-centenary.html.
6. R. Fielding, J. Gettys, J. Mogul, H. Frystyk, L. Masinter, P. Leach, and T. Berners-Lee, Networking Working Group Request for Comments 2616, "Hypertext Transfer Protocol—HTTP/1.1," June 1999, www.ietf.org/rfc/rfc2616.txt.
7. Apache HTTP Server Version 2.4 Documentation, "Apache Module mod_rewrite," ttps://httpd.apache.org/docs/current/mod/mod_rewrite.html.
8. Apache HTTP Server Version 2.4 Documentation, "Apache HTTP Server Tutorial: .htaccess Files," https://httpd.apache.org/docs/current/howto/htaccess.html.
9. Google Webmaster Central, Webmaster Tools Help, "URLs Not Followed Errors," www.google.com/support/webmasters/bin/answer.py?answer=35156.
10. Wikipedia, " Constraint Satisfaction Problem, " http://en.wikipedia.org/wiki/Constraint_satisfaction_problem.

第6章 缓存为王

在商业领域，人们常说“现金为王”。在技术领域，“缓存为王”。从浏览器直到云的每一个层次里，通过缓存可以显著提高扩展能力。类似第5章中的规则17，缓存也有助于减少系统负担。缓存可以使你不必对同一数据一遍又一遍地查找、创建或服务。本章涵盖7个规则，旨在帮助和指导大家在应用中选择适当类型和数量的缓存。

扩展静态内容是最基本的，如不经常改变的文本和图像。本书中的一些规则涉及如何通过使用缓存使静态内容以低成本的方式获得高可用性和可扩展性。动态内容或随时变化的内容基本上不那么容易迅速提供和快速扩展。朗·宾得是Warby Parker的首席技术官，该公司创立于2010年，专门提供生活品牌的时尚眼镜。朗此前曾在多家公司担任首席技术官，对使用缓存来扩展动态内容有许多经验教训。朗解释说：“如果整个网站都采用静态HTML，那很容易提高响应速度，但如果网站更多使用动态实现，内容可以更丰富、更新颖——为最终用户带来更好的功能体验。但其性能方面也面临着更大的挑战，这就是矛盾所在，也是这缓存大显身手的地方。”

在加入 Warby Parker 之前，朗所在的公司网站有 7000 ~ 8000 个页面目标。其中有一些是经常变化的个性化用户页面。有些页面有比较大的多媒体元素，如在产品细节页面上有几兆字节的视频和展示产品光辉形象的图片。某些图片文件为了要满足放大的要求，其大小甚至超过了 50MB。

为了解决响应延迟和可扩展性问题，朗的团队所做的第一件事，就是采用内容分发网络（Content distribution network），他们选择了 Akamai。朗说，“这真的很简单，只要我们把所有的静态内容推送给他们，由他们 [Akamai] 来处理接近用户的缓存。然后我们可以使用典型的缓存 [对象] 过期工具来更新版本。对象到期是我们部署过程的一部分。”部分页面是个性化的，如页面顶部可能会展示，“嗨，迈克，欢迎回来”，朗的团队利用 Ajax 调用来替换客户端静态内容中用户的名字。对网站的大部分，团队使用 iframe 来动态替换内容。所有这一切都让朗的团队在页面扩展和性能方面大有斩获，但是他们知道自己需要做得更好。

接下来朗的团队开始分析是什么导致应用的加载时间变慢。团队发现有一些数据库查询经常被调用，反复请求相同的内容。通过调整数据库缓冲区的大小来减少查询的执行时间，并保持缓存中的结果集。

朗和他的团队所面临的另一个挑战是产品的详细页面周期性的改变。商户把工作请求提交给软件团队，然后由他们修改产品的 HTML 页面并部署代码。每次部署都会造成部分缓存失效，结果导致服务器产生高负载和最终客户的响应时间变慢。朗的团队密切监控缓存的命中率。结果发现大部分的变化都很小，朗决定建立一个小型的内容管理系统，允许商户使用一套专有的标记语言，在不影响整体布局、样式表（CSS）或其他内容的前提下修改展示的信息，如产品的价格、SKU和内容描述，从而实现缓存的完整性。这种方法不仅减轻了研发团队的负担，还允许保持内容继续缓存，从而解决了服务器的负载上升和客户响应时间变慢的问题。

朗还考虑通过内容分发网络的内容管理服务来缓存网页。CDN可以缓存页面，当市场营销的内容发生变化时，朗的团队通过API来更换过期的缓冲。缓存全部静态页面的成本相当高。相反，朗决定预渲染部分页面，然后在用户请求时组装。朗回忆说，“页面顶部的不同图片让你对相关产品有一个印象。可能除了价格外，这些东西的变化不太大。所以我们可以从HTML中拿出一大段进行预渲染，使用Memcached来缓存CLOB（character carge object，字符大型对象）。利用Memcached在应用服务器集群上分发，超级容易实现。根据业务变化对数据的影响主动更替数据缓存。因为我们不主动预渲染，所以第一次请求仍然需要花费一些时间。除了第一次请求外，以后的每次请求都非常非常快。深究如此之快的原因之一，是我们可以摆脱前面提到的那些做反向代理缓存时的Ajax调用，去除了网络服务器对客户端的第二次请求。”

朗和他的团队也攻克了业务对象方面的问题。该团队最初使用了一个被称为实体引擎的开源对象关系映射（ORM）工具，后来迁移到Hibernate上。最终他们废掉了整个ORM，构建了一个数据访问层，因此他们可以把查询优化得更好（在生成查询语句方面ORM很差劲）。在数据访问层之上，他们又建立了业务访问层。正如朗所描述的那样，“那些业务对象就像组合物。这里是缓存规则的用武之地。具体是怎么回事呢？给你个例子感觉一下，一个用户想要请求某个商品。商品是个业务对象，可能包含来自于20个不同表或者视图的数据。我们将这些数据整合在一起，形成一个业务对象，然后把它送进缓存。这样就有了一个对业务非常有价值的完美组合。组装成本有点高，但是缓存成本却相对较低，因为它们其实就是一堆文本。一个完全组装的商品模型并没有那么大，或许只有几百个字节。最后我们把该业务引擎置于业务访问层中，可以主动更新这些业务对象。它们真的非常棒。针对哪些数据该放进去，我们有过很多争论。例如，缓存客户对象是否有意义？在我们的组织中这是一个争论得非常激烈的话题，因为假如你是一个在网站上浏览的客户，在你的会话中我们可以有相当多的机会重复使用你的客户对象，但这只发生在你的会话过程中。”

朗和他的团队学到了很多关于缓存的概念，而且应用得远比大多数组织都要好。结果带来了令人难以置信的页面快速渲染，甚至丰富的媒体和动态内容亦如此。朗对此仍然记忆犹新，“所有这些层次的缓存我们都有，最让我引以为豪的是几年前的事情。我们网站拥有相当丰富的影像和大量的媒体，巨大的图片、高分辨率、许多视频内容以及大量用户生成的社区内容，而且性能比亚马逊好。这是一个非常动态的网站，拥有非常非常快的加载速度。可以在大约150毫秒内得到HTML响应，大多数复杂页面的返回速度甚至在 700 毫秒以下。所以我们对网站的性能十分满意。”

在深入讨论这些规则之前，必须给大家提个醒。与任何系统实施或重大变更一样，增加缓存肯定会给系统带来新挑战。多层次缓存会使排查产品问题更加困难。因此应该设计缓存监控（参见第 12 章中的规则 49）。缓存机制往往会孕育更大的可扩展性，其本身的可扩展性也需要设计完善。可扩展性差的缓存解决方案将带来系统可扩展性的瓶颈，导致未来可用性水平的降低。缓存失败不久会导致网站服务超载，将给网站的可用性带灾难性的影响。因此，应该确保所设计的缓存高可用而且易于维护。最后，缓存是一门需要拥有丰富经验的艺术，建议聘请经验丰富的工程师来帮助你实施缓存项目。

规则 20——利用 CDN 缓存

内容： 用 CDN（内容分发网络）来减少网站的负载。

场景： 速度提升和可扩展性水平的提高可以平衡额外的成本。

用法： 大多数 CDN 借助 DNS 为网站提供内容。因此可能需要在 DNS 上做些小改动或者添加记录，以便把提供内容的网址迁移到新的子域名上。

原因： CDN 有助于平缓流量高峰，而且常常是网站部分流量扩展比较经济的方法。常用于改善网页下载时间。

要点： CDN 是快速而且简单的平缓高峰流量和一般流量增长的方式。确保进行成本效益分析，同时监控 CDN 的使用量。

防止用户需求雪崩的最简单方法是避免雪崩。可用两种方法来实现。首先是停业或不开展业务；其次有一个更好的与本书的主题一致的方法，是以你的名义让其他人或其他东西替你处理大部分雪崩。这就是内容分发网络（CDN）之精髓所在。

CDN 是一组计算机，也称为节点或边缘服务器，通过骨干网络连接起来，上面存储着客户数据或内容（图像、网页等）的副本。通过在不同的一级网络，策略性地部署边缘服务器并应用大量的技术和算法，CDN 可以把用户的请求指定到最适合响应的节点上。这种优化的逻辑可以是基于最少网络跳数、最高可用性或最少请求。这种优化常常聚焦在减少最终用户、请求者或服务可以感知的响应时间方面。

图 6-1 通过一个例子解释了这种方法在实际环境中的工作机制。假定 AKF 博客有太多的流量，以至于决定要采用 CDN 来解决问题。我们会在域名服务器上新建一个别名把用户的请求从 www.akfpartners.com/techblog 指向 1107.c.cdn_vendor.net（参见图 6.1 中的 DNS 表）。用户的浏览器向域名服务查询（步骤 1）akfpartners.com，接收到返回的 CDN 域名（步骤 2），再对 CDN 域名进行另一轮域名服务查询（步骤 3），接收到返回的与 1107.c.cdn_vendor.net 相关的 IP 地址（步骤 4），然后接收请求并将其路由到服务我们博客内容的那些 IP 之一（步骤 5 ~ 6）。博客的内容缓存在 CDN 服务器上，CDN 服务器定期查询博客的源服务器以便更新。

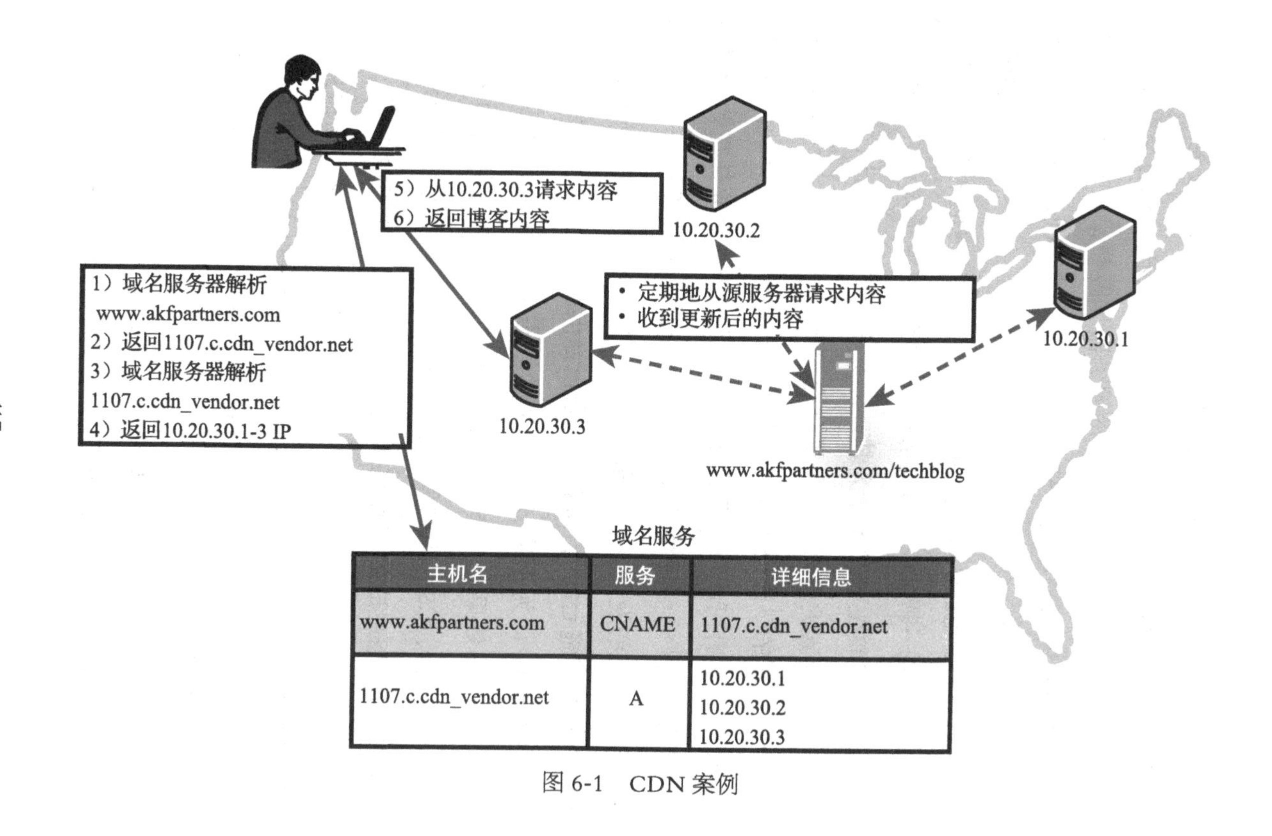
5）从10.20.30.3请求内容
6）返回博客内容
10.20.30.2
1）域名服务器解析
www.akfpartners.com
2）返回1107.c.cdn_vendor.net
3）域名服务器解析
1107.c.cdn_vendor.net
4）返回10.20.30.1-3 IP
• 定期地从源服务器请求内容
• 收到更新后的内容
10.20.30.1
10.20.30.3
www.akfpartners.com/techblog
域名服务
主机名
服务
详细信息
www.akfpartners.com
CNAME
1107.c.cdn_vendor.net
1107.c.cdn_vendor.net
A
10.20.30.1
10.20.30.2
10.20.30.3

图 6-1 CDN 案例

正如例子中所见，在博客服务器前使用 CDN 的效果是，CDN 负责处理所有的请求（可能是每小时数百或数千），只有当需要查询缓冲内容是否更新时才会访问你的服务器。因此，只需要购买少量低配置的服务器和少量的带宽，以及少数维护基础设施的人员。当然，在可用性和响应时间上的提升也不是免费的——其成本通常比公网互联要高。CDN 服务提供商经常按照流量峰值的第 95 百分位（与许多运营商一样）或者是全部分发内容的总流量来计价。随着流量的增加，以单位分发流量为基础的费率会降低。因此，在以成本为唯一考虑因素的情况下，关于什么时候该迁移到 CDN 的分析结果很少是划算的。还必须要包括其他的因素，诸如减少最终用户的响应时间、很有可能增加用户的活跃度（更快的响应往往会带来更多的交易）、网站可用性增加，以及服务器、电源和相关基础设施成本降低。我们发现在大多数情况下，平均收入超过 1000 万美元的客户通过实施 CDN，可获得比自己提供服务更好的效果。

你可能会认为所有这些缓存对静态网站来说都很棒，但是对动态页面的效果呢？首先，即使动态页面也包含静态内容。图片、JavaScript、CSS 等一般都是静态的，这意味着它们可以缓存在 CDN 中。动态生成的实际文本或内容通常是页面的最小部分。其次，CDN 开始支持动态页面。Akamai 提供动态网站加速服务[1]，专门用来加速和缓存动态页面。Akamai 联合 Oracle、Vignette 和其他几家公司，共同研发了 Edge Side Includes，一种用在边缘服务器上组装动态网络内容的标记语言。

无论网站的网页是动态还是静态，都可以考虑加入 CDN 形成混合缓存。该层缓存可以提供快速交付的好处，通常有非常高的可用性，而且网站服务器处理的流量更少。

规则 21——灵活管理缓存

内容： 使用 Expires 头来减少请求量，提高系统的可扩展性和性能。

场景： 所有的对象类型都需要考虑。

用法： 可以通过应用代码在网络服务器上设置头字节。

原因： 减少对象请求可提高用户页面性能并减少系统必须处理的单用户请求数。

要点： 对每类对象（图片、HTML、CSS、PHP 等），根据目标可缓存时间安排最合适其时间长度的头字节。

有个常见的误解是，认为可以通过定义页面要素 <HEAD> 中的 meta 标签，如 Pragma、Expires 或者 Cache-Control 来控制页面的缓存行为。参见下面的示例代码。但是，HTML 中的 meta 标签是用来建议浏览器应该如何处理页面的，但很多浏览器不太注意这些。更糟糕的是，因为代理缓存不检查 HTML，所以它们根本就不遵守这些标签的规定。

```
<META HTTP-EQUIV="EXPIRES" CONTENT="Mon, 22 Aug 2011
11:12:01 GMT">
<META HTTP-EQUIV="Cache-Control" CONTENT="NO-CACHE">
```

HTTP 头提供了比 meta 标签更多的缓存控制。特别是有关代理缓存，因为它们确实会注意 HTTP 头。这些头在 HTML 中看不到，它们由网络服务器或生成页面的代码动态生成。可以通过服务器配置或代码来控制它们。一个典型的 HTTP 响应头可能如下所示：

```
HTTP Status Code: HTTP/1.1 200 OK
Date: Thu, 21 Oct 2015 20:03:38 GMT
Server: Apache/2.2.9 (Fedora)
X-Powered-By: PHP/5.2.6
Expires: Mon, 26 Jul 2016 05:00:00 GMT
Last-Modified: Thu, 21 Oct 2015 20:03:38 GMT
Cache-Control: no-cache
Vary: Accept-Encoding, User-Agent
Transfer-Encoding: chunked
Content-Type: text/html; charset=UTF-8
```

与缓存最相关的头是Expires和Cache-Control。Expires实体头字段提供响应有效期信息。如果想要把响应标记为“永不过期”，源服务器就应发送从响应时间算起一年后的日期。在前面的例子中，注意Expires头标识日期2016年7月26日05:00 GMT。如果今天是2016年6月26日，请求的页面将在大约一个月后过期，浏览器应在那个时候从服务器获取数据以刷新内容。

Cache-Control通用头字段，用于按RFC-2616第14节定义的HTTP 1.1协议定义指令，沿请求/响应链的所有缓存机制必须遵守这些指令。该头可以发出许多指令，包括public、private、no-cache和max-age。如果响应同时包含Expires头和max-age指令，即使Expires头限制较多，max-age指令的优先级同样高过Expires头。以下是一些Cache-Control指令的定义：

- public——响应可以由任何缓存、共享或非共享缓存来处理。
- private——响应针对单用户，不能由共享缓存来进行缓存。
- no-cache——在与源服务器确认之前，不得使用缓存来满足后续的其他请求。
- max-age——如果当前数值大于在请求时给定的值（秒），那么响应过时。

设置HTTP头有几种方式，包括通过网络服务器和代码。Apache 2.2的配置选项在httpd.conf文件中。Expires头要求把mod_expires模块添加到Apache中。Expires模块有三条基本指令。第一条ExpiresActive告诉服务器激活该模块。第二条指令ExpiresByType设置Expires服务特定类型的对象（如图片或文本）。第三个指令ExpiresDefault设置如何处理所有未指定类型的对象。参见下面的代码示例：

```
ExpiresActive On
ExpiresByType image/png "access plus 1 day"
ExpiresByType image/gif "modification plus 5 hours"
ExpiresByType text/html "access plus 1 month 15 days 2 hours"
ExpiresDefault "access plus 1 month"
```

设置HTTP Expires、Cache-Control和其他头的另外一种方法是在代码中实现。PHP直接利用header()命令发送原始的HTTP头。在任何输出前必须通过HTML标签或从PHP代码调用header()命令。关于头设置，参见下面的PHP示例代码。其他语言也有类似的头设置方法。

```
<?php
header("Expires: 0");
header("Last-Modified: " . gmdate("D, d M Y H:i:s") . " GMT");
header("cache-control: no-store, no-cache, must-revalidate");
header("Pragma: no-cache");
?>
```

最后一个主题涉及调整网络服务器的配置，以优化其性能与可扩展性。keep-alives或HTTP持久连接允许多个HTTP请求复用TCP连接。在HTTP/1.1中，所有的连接都是持久的，大多数网络服务器默认允许保持连接。根据Apache文档记载，使用连接保持可以使HTML页面延迟减少50%[5]。在Apache的httpd.conf文件中keep-alives的默认设置为打开，但KeepAliveTimeOut的默认值只设置为 5 秒。超时设置较长的好处是不必建立、使用和终结 TCP 连接就可以处理更多的 HTTP 请求，超时设置较短的好处是网络服务器的线程不会被捆绑住，可以继续服务其他请求。根据应用或网站的具体情况在两者之间寻找平衡点很重要。

有一个实际的例子，利用 AOL 研发的开源的网页测试工具 webpagetest.org 对我们的网站做了一个测试。测试对象是一个运行在 2.2 版 Apache HTTP 服务器上的简单 MediaWiki。图 6-2 给出了在关闭 keep-alives 的且不设置 Expires 头的情况下测试 wiki 页面的结果。页面初始加载时间为 3.8 秒，重复浏览时间为 2.3 秒。

图 6-3 显示的是，在打开 keep-alives 并设置 Expires 头的情况下测试 wiki 页面的结果。页面的初始加载时间为 2.6 秒，重复浏览时间为 1.4 秒。此举减少了 32% 的页面初始加载时间和 37% 的重复页面加载时间！

规则 22——利用 Ajax 缓存

内容： 适当使用 HTTP 响应头以确保 Ajax 调用可以缓存。

场景： 除了因为数据刚更新过，所以绝对需要实时数据以外的任何 Ajax 调用。

用法： 适当调整 Last-Modified、Cache-Control 和 Expires 头。

原因： 减少用户可感知的响应时间，增加用户满意度，提高平台或方案的可扩展性。

要点： 尽量利用 Ajax 和缓存 Ajax 调用以提高用户满意度及可扩展性。

				文档完成			完全加载		
加载时间	第一字节	开始渲染	结果（错误代码）	时间	请求数	字节数	时间	请求数	字节数
3.828s	0.550s	2.778s	0	3.828S	21	109 KB	3.600S	21	109 KB

瀑布视图

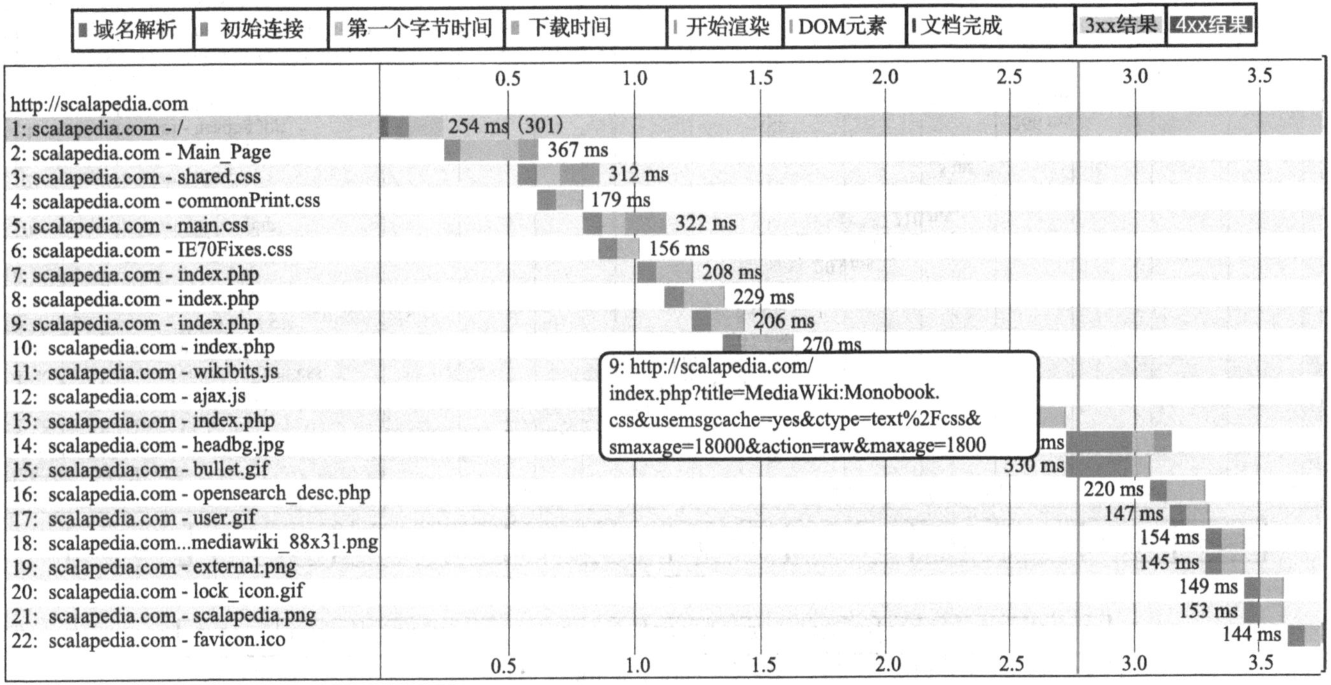

图 6-2　wiki 页面测试（关掉 keep-alives 同时不设置 Expires 头）

加载时间	第一字节	开始渲染	结果（错误代码）	文档完成			完全载入		
				时间	请求数	字节数	时间	请求数	字节数
2.598s	0.491s	1.861s	0	2.598s	21	111 KB	2.366s	21	111 KB

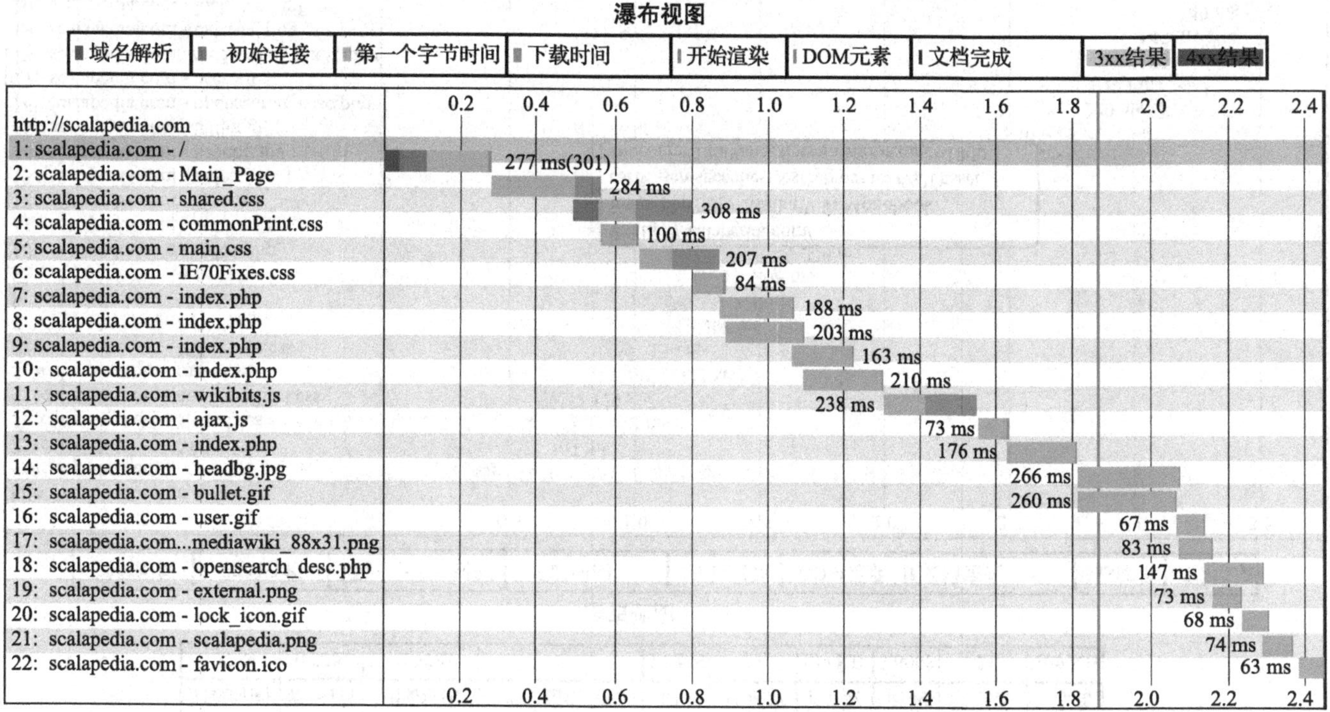

瀑布视图

域名解析　初始连接　第一个字节时间　下载时间　开始渲染　DOM元素　文档完成　3xx结果　4xx结果

0.2 0.4 0.6 0.8 1.0 1.2 1.4 1.6 1.8 2.0 2.2 2.4

http://scalapedia.com
1: scalapedia.com - / 277 ms(301)
2: scalapedia.com - Main_Page 284 ms
3: scalapedia.com - shared.css 308 ms
4: scalapedia.com - commonPrint.css 100 ms
5: scalapedia.com - main.css 207 ms
6: scalapedia.com - IE70Fixes.css 84 ms
7: scalapedia.com - index.php 188 ms
8: scalapedia.com - index.php 203 ms
9: scalapedia.com - index.php 163 ms
10: scalapedia.com - index.php 210 ms
11: scalapedia.com - wikibits.js 238 ms
12: scalapedia.com - ajax.js 73 ms
13: scalapedia.com - index.php 176 ms
14: scalapedia.com - headbg.jpg 266 ms
15: scalapedia.com - bullet.gif 260 ms
16: scalapedia.com - user.gif 67 ms
17: scalapedia.com...mediawiki_88x31.png 83 ms
18: scalapedia.com - opensearch_desc.php 147 ms
19: scalapedia.com - external.png 73 ms
20: scalapedia.com - lock_icon.gif 68 ms
21: scalapedia.com - scalapedia.png 74 ms
22: scalapedia.com - favicon.ico 63 ms

0.2 0.4 0.6 0.8 1.0 1.2 1.4 1.6 1.8 2.0 2.2 2.4

图 6-3　wiki 页面测试（打开 keep-alives 同时设置 Expires 头）

对于那些不熟悉网络研发常用术语的人，可以把 Ajax 想成是下拉式菜单后面的“方法”，当你键入时它开始提供建议，或者是不必向远程服务器发出额外调用，就可以放大和缩小地图服务。如果处理得当，Ajax 不仅可以实现奇妙的交互式用户界面，还可以在无需额外服务器的情况下，通过客户端直接与数据和对象交互，为可扩展性做出贡献。然而，如果处理不当，Ajax 可能会产生一些独特的可扩展性约束，显著增加服务器需要处理的请求数。不要搞错，尽管这些要求从浏览器角度来看可能是异步的，但是在短时间内出现巨大的如洪水般涌来的突发请求时，很可能会导致服务器停止服务。

Ajax 是 Asynchronous JavaScript and XML 的缩写。虽然我们经常把它作为一种技术，但最为贴切的描述是，它是一组技巧、语言和在浏览器（或客户端）上使用的方法，有助于构建内容更丰富和互动性更强的网络应用。虽然该缩写中所包含的要素体现了许多 Ajax 实现，但是实际的交互并不一定要异步，也并不局限于使用 XML 作为数据交换格式。例如，JSON 可以取代 XML。但 JavaScript 不可或缺。

据称 2005 年杰西 · 詹姆斯 · 加勒特在他的文章《 Ajax ：一种网络应用的新方法》中创造了 Ajax 这个术语。从不严格的意义上来讲，Ajax 包括利用基于标准的 CSS 和 DHTML 的展现、互动和动态显示的能力，依托文档对象模型（DOM）进行数据交换和操作的机制、如带有 XSLT 或者 JSON 的 XML 以及数据检索机制。从最终用户角度来看，数据检索通常是（但不是绝对必要的）异步的。JavaScript 是一种用来在客户端浏览器上实现交互的语言。在异步数据传输中使用XMLHttpRequest对象。Ajax结束了互联网第一次互动体验所遭遇的坎坷，那时候所有的交互都是通过请求和答复实现的。有了这样的背景，我们将继续讨论与Ajax有关的可扩展性问题，最后讨论一下我们的朋友是如何使用缓存的，这可能有助于这些问题的解决。

显然，我们都在努力构建可以改善用户交互和提高用户满意度的界面，旨在增加收入、利润及股东的财富。Ajax是一种有助于为最终用户带来更丰富内容和更实时体验的方法。因为它可以减少数据在网络上不必要的往复传递，从而使用户与浏览器之间的互动更容易，用户交互因此可以更迅速地发生。用户不用等待服务器的响应就可以放大或缩小图片，下拉菜单可以根据以前的输入预先安排好，当用户在搜索栏输入查询关键词时，就可以开始看到那些可能会感兴趣并起到引导作用的潜在搜索词。Ajax的异步特性还可以帮助我们，在往客户端浏览器加载邮件时，可以根据用户的某些动作来判断是否要继续接收邮件，而不必等用户点击“下一页”按钮。

但是其中的一些动作不利于平台以成本效益的方式扩展。让我们以用户在网站上输入某个特定商品的搜索关键词为例。我们可能想用商品目录来填充搜索建议，即那些当用户键入搜索条件时出现的关键词。Ajax可以通过用户后续的每个按键向服务器发送请求，根据已键入的词而返回搜索结果，并在不需要用户介入刷新浏览器的情况下，把搜索结果填充到下拉菜单。有可能返回的是基于用户不完全键入的字符串而获得的完整搜索结果！许多搜索引擎和电子商务网站都可以找到这种实施的例子。以每个后续按键为基础最终形成搜索服务器需要的查询语句，可能既昂贵又浪费我们的后台系统资源。例如，当用户输入“Beanie Baby”时，可能会带来连续11次的搜索，其实真正只需要一次。用户的体验可能很奇妙，但如果用户按键速度很快，在打完字前，实际上多达8～10次的搜索可能永远没有机会返回结果。

另一种方法也可以达到同样的效果，而且不必增加与缓存有关的10倍流量。通过一个小的改动，我们可以在用户浏览器、CDN（规则20）、页面缓存（规则23）和应用缓存（规则24）上存储前面的Ajax交互的结果。让我们先看看如何利用浏览器中的缓存。

确保可以在浏览器中缓存内容的三个关键要素分别是HTTP响应中的Cache-Control头、Expires头和Last-Modified头。其中两个我们已经在规则21中详细地讨论了。对于Cache-Control，尽量避免设置no-store选项，并在可能的情况下，把头设置为public，以便从终端（客户）到服务器之间的任何代理及缓存（如CDN）都可以存储结果集，并且可以供其他的请求使用。当然我们不希望公开隐私数据，但在可能的情况下，我们当然希望可以利用公共设施提供缓存。

我们的目标是减少在网络上来回传输数据，以减少用户感知的响应时间和降低服务器的负载。因此，响应头中的Expires设置的有效期应足够长，这样浏览器会在本地缓存第一次查询的结果，并在后续请求中反复使用。静态或半静态的对象，如公司商标或者简介图片，其有效期应该设置成几天或者更长。某些对象的时间敏感性可能很强，如阅读好友的状态更新。在这些情况下，我们可能会把Expires头设置为数秒甚至数分钟，以给用户实时的感觉，同时降低整体的负载。

Last-Modified 头可以帮助我们处理有条件的 GET 请求。在这些情况下，为了与 HTTP/1.1 协议保持一致，如果缓存中的数据适当或仍然有效，服务器应当返回 304 状态码。所有这些问题的关键是，正如 XMLHttpRequest 名字中的 Http 部分所隐含的，Ajax 请求与任何其他的 HTTP 请求及响应相同。对这些请求的认识，将帮助我们确保在所有使用这些请求的系统中，增加缓存能力，提高可用性和可扩展性。

虽然以前的方法对浏览器上有可以修改内容的情况有所帮助，但当我们使用扩展搜索字符串时，诸如用户与搜索页面互动并开始键入搜索字符串的情况出现时，问题就变得更加困难。这个问题没有简单的解决办法。但是在 Cache-Control 头中使用 public 作为参数将有助于确保所有类似的搜索字符串缓存在中间缓存和代理中。因此，在搜索前，相同开头的搜索字符串和相同中间部分的搜索字符串，被缓存的机会很大。这个特定问题可以推广到其他使用 Ajax 页面的某些对象。例如需要特定对象的系统，如在拍卖中的商品或社交网站或者电子邮件系统中的消息，应当使用特定的消息 ID，而不是请求时的相对偏移量。相对的名称，如“ page=3&item=2”，确定消息在系统第三页中的第二条，可能会发生变化，这将带来一致性问题。一个更好的做法是“ id = 124556”，它代表原子级的对象，不会改变，而且可以缓存该用户，特别是当对象是公共的时候，可以缓存给未来的用户。

数据集是静态甚至半动态的情况（例如，有限的或上下文敏感的产品目录）很容易解决。从客户端来看，以异步的方式获取这些结果，然后缓存起来供同一客户端以后使用，或者更重要的是确保CDN、中间缓存或代理存储它们，以利于其他的用户进行类似的搜索。

我们通过一个不好的Ajax调用案例和一个好的响应案例来结束这一规则。不好的响应案例看起来可能像下面这样：

```
HTTP Status Code: HTTP/1.1 200 OK
Date: Thu, 21 Oct 2015 20:03:38 GMT
Server: Apache/2.2.9 (Fedora)
X-Powered-By: PHP/5.2.6
Expires: Mon, 26 Jul 1997 05:00:00 GMT
Last-Modified: Thu, 21 Oct 2015 20:03:38 GMT
Pragma: no-cache
Vary: Accept-Encoding,User-Agent
Transfer-Encoding: chunked
Content-Type: text/html; charset=UTF-8
```

使用我们在三个主题中学习到的知识，可以发现Expires头发生在过去。我们没有使用Cache-Control头，Last-Modified头与响应发送的时间一致；总之，这些迫使所有的GET都得抓取新的内容。一个更容易缓存Ajax结果的响应是这样的：

```
HTTP Status Code: HTTP/1.1 200 OK
Date: Thu, 21 Oct 2015 20:03:38 GMT
Server: Apache/2.2.9 (Fedora)
X-Powered-By: PHP/5.2.6
Expires: Sun, 26 Jul 2020 05:00:00 GMT
Last-Modified: Thu, 31 Dec 1970 20:03:38 GMT
Cache-Control: public
Pragma: no-cache
Vary: Accept-Encoding,User-Agent
Transfer-Encoding: chunked
Content-Type: text/html; charset=UTF-8
```

在本例中，Expires头设置为遥远的将来，Last-Modified头设置为沧桑的过去，并通过Cache-Control: public告诉中间代理，它们可以缓存并在其他系统复用对象。

规则 23——利用页面缓存

> **内容：** 在网络服务的前端部署页面缓存。
>
> **场景：** 总是。
>
> **用法：** 选择缓存的解决方案然后部署。
>
> **原因：** 通过缓存和分发以前产生的动态请求降低网络负载，快速响应静态对象请求。
>
> **要点：** 页面缓存是减少动态请求的好办法，可以减少客户响应时间，以成本效益方式扩展。

页面缓存是部署在网络服务器前面的缓存服务器，用来减少静态和动态对象对这些服务器的请求。这样的系统或服务器的其他常见名称是反向代理缓存、反向代理服务器和反向代理。我们特别使用页面缓存这个术语，因为代理还负责负载均衡或 SSL（安全套接字层）加速，我们只关注这些缓存服务器对可扩展性的影响。代理缓存的实施如图 6-4 所示。

页面缓存处理某些或所有的请求，直到所存储的页面或者数据过时，或服务器查询不到用户请求需要的数据。请求失败被称为缓存缺失（cache miss)，可能是缓存池满因而没有空间存储最近的请求或缓存池不满但请求率很低或最近刚刚重新启动过。缓存缺失传递给网络服务器，后者应答请求并填充缓存，要么更新最近最少使用的记录或填补一个未被占用的可用空间。

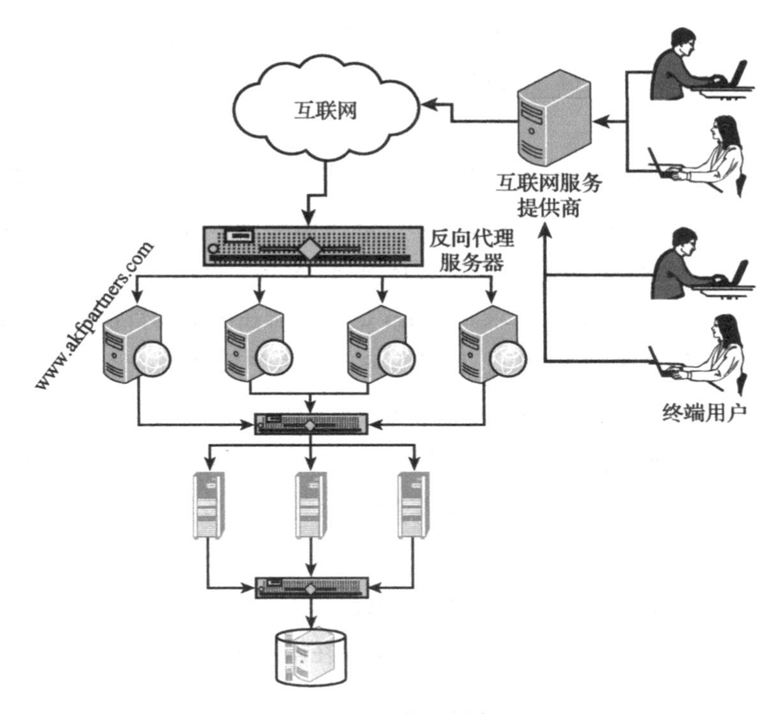

图 6-4 代理缓存

在这个规则中我们强调了三个要点。首先，在网络服务器前面实施页面缓存（或反向代理），这样做可以得到显著的扩展效益。生成动态内容的网络服务器的工作量大为减少，因为计算结果（或响应）会在适当时间内缓存。服务静态内容的网络服务器不需要查找内容，因此可以减少服务器数量。然而，我们认为静态页面缓存所带来的好处绝非动态内容那么大。

其次，需要使用适当的 HTTP 头，以确保发挥内容缓存和结果缓存的最大潜在（也是适合业务）作用。为此，请参考在规则 21

和规则 22 中对 Cache-Control、Last-Modified 和 Expires 的简要讨论。RFC 2616 第 14 节对这些头文件、相关参数及其预期结果有完整的描述[7]。

第三点是尽可能包括 RFC 2616 中另外的 HTTP 头，这有助于最大限度地提高内容缓存能力。这个新的头被称为 ETag。定义 ETag 或实体标记的目的是方便 If-None-Match 方法，用户向服务器发出有条件的 GET 请求。ETags 是服务器在浏览器首次请求时，针对对象发出的唯一标识。如果服务器端的资源发生变化，就会给它分配新的 ETag。假设浏览器（客户端）提供适当的支持，对象及其 ETag 由浏览器缓存，后续浏览器向网络服务器发出的 If-None-Match 请求将包含此标签。如果标签相符，服务器会返回 HTTP 304“内容未修改”响应。如果标签与服务器上的不一致，服务器将会发出更新后的对象及其相应的 ETag。

使用 ETag 是可选的，但为了确保在网络传输页面或对象过程中发挥页面缓存和代理缓存的更大作用，我们强烈推荐使用 ETag。

规则 24——利用应用缓存

内容： 使用应用缓存以成本效益方式扩展。

场景： 当需要提高可扩展性和降低成本的时候。

用法： 要最大化应用缓存的影响，首先分析如何拆分架构。

原因： 应用缓存提供了以成本效益方式扩展的能力，但是应该与系统架构互补。

要点： 在实施应用缓存，从成本和可扩展性角度看取得最大效

> **果之前，应该考虑如何沿Y轴（规则8）或者Z轴（规则9）拆分应用。**

这里不讨论如何研发应用缓存。那个主题你可以使用自己喜欢的互联网搜索引擎，做个简单的搜索以得到令人难以置信的、免费的建议。相反，我们将讨论两个基本但是重要的观点：

- 首先，如果想要以成本效益方式扩展的话，绝对需要实施应用缓存。
- 其次，缓存要想长期有效，必须从系统架构视角出发来制订方案。

我们理所当然地认为你完全同意第一点，所以本规则将主要关注第二点。

在规则8和规则9（参见第2章）中，我们曾提出对平台（或架构），从功能上按照服务或资源拆分（Y轴，规则8），或者按照请求者或客户的某些属性拆分（Z轴，规则9），会在服务请求的数据缓存能力方面受益匪浅。问题是沿哪个轴或按照哪条规则实施可以获得多少利益。随着新功能或新特性的开发而产生新的数据要求，这个问题的答案可能随着时间的推移而改变。实施的方法，也需要随着时间的推移而改变，以适应业务需求的不断变化。然而，识别这些变化中的需求的过程仍然是相同的。学习型组织需要不断地分析生产流量、每笔交易的成本、用户感知的响应时间，以识别在生产环境中出现瓶颈的早期迹象，并将数据交给负责变更的架构团队。

要回答的关键问题是，从可扩展性和成本的角度来看，什么类型的拆分（或进一步的细分）可以获得最大的利益。通过适当的拆分和由此给应用服务器所带来的数据缓存能力，完全有可能让 100 甚至 10 万个生产服务器来处理现有生产系统两倍、三倍甚至 10 倍的流量。让我们以普通的电子商务网站作为简单的例子来说明，这是一个相当典型的 SaaS 网站，主要关注业务需求、社交网络或社交互动。

电子商务网站有很多功能，包括搜索、浏览、图片检查（包括缩放）、账户更新、登录、购物车、结账、建议等。现有生产流量分析表明 80% 的交易都集中在使用搜索、浏览和推荐产品等几个功能，并聚焦在不到 20% 的库存上。我们可以利用帕累托原则，对这些服务实施 Y 轴（功能）拆分，从而利用与整个用户群相比相对较少对象上的高命中率。可缓存性会很高，我们的动态系统可以从类似的早期请求交付结果中受益。

可能我们也会发现有些频繁发出请求的高级用户。对这些特定的用户功能，我们可能会决定针对用户特定的功能，如登录、购物车、账户更新（或其他账户信息）等实施 Z 轴拆分。对于提供信息辅助决策，虽然我们可以本能地做一些假设，但很明显从现有产生收入的网站获得真实的生产数据是非常宝贵的。

另一个例子，假设我们经营 SaaS 业务，通过托管电话服务、电子邮件服务、聊天服务和关系管理系统，来帮助处理公司客户支持。在这个系统中，有大量与特定业务相关的规则。以每个业务为基础考虑，可能需要大量的内存来缓存这些规则和一些业务操作所需的数据。如果你马上得出结论，认为应该以客户为导向或按照 Z 轴拆分，那么恭喜你答对了。但我们也要在数据库和应用上保持一些多租户的特征。我们应该怎么做到这一点，并同时仍然缓存那些重量级的用户，并以成本效益的方式扩展呢？我们的答案还是帕累托原则。20%最大的业务可能占总交易量的80%（我们大多数客户也都是这种情况），把这部分业务分散到数据库拆分的多个泳道。为了降低成本，我们把80%的小用户均匀地散布在所有的泳道。理论是，无论是否存在于自己的泳道，轻量级公司的缓存命中率都比较低。因此，我们让大客户受益于缓存而从小客户获得低成本的好处。那些较小客户的体验并不会因此而显著不同，除非安排给他们自己专用的系统，我们知道在SaaS环境中成本与效益是一对矛盾体。

最后一个例子涉及社交网络或互动网站。你可能猜到我们会再次应用帕累托原则并依靠生产环境的信息，来帮助我们做出决定。社交网络往往涉及少量拥有令人难以置信的大份额流量的用户。这些用户有时是活跃的消费者，有时是活跃的生产者（其他人的目的地），有时两者兼而有之。

第一步确定是否有一小部分信息或者子站点有超过正常比例的，“读”流量。在社交网络中，这样的节点对我们的架构考虑有指导意义，可以引导我们对这些生产者实施Z轴拆分，这样从读的角度来说他们的节点的活动是高度可缓存的。假设帕累托原则正确（通常情况下是正确的），现在由少数服务器服务将近80%的读流量（可能的页面/代理缓存；参见规则23）。股东会很高兴，因为可以用很少的资金投入来服务请求。

在社交网络中，内容或更新非常活跃的生产者会怎么样呢？答案可能会有所不同，取决于内容是否有很高的消费率（读）还是大多数处于休眠状态。当用户既有高生产率（写入 / 更新）又有高消费（读）率的时候，我们可以直接把内容发布到正在读取的泳道或节点。如果读写冲突导致“节点”变热开始成为一个问题，那么我们可以采用读复制和水平扩展技术（X 轴或规则 7）来解决，或者考虑如何随着时间的推移对这些更新进行排序和异步处理（参见第 11 章）。随着业务的持续成长，我们可以混合使用这些技术。从浏览器缓存到 CDN 缓存，从页面缓存到应用缓存（本章的规则），在积极实施这些缓存后，如果仍然还有麻烦，那么还可以进一步进行拆分。也许为给定的用户更新建立一个层次型的框架，并开始沿内容边界拆分（另一种类型的 Y 轴拆分——规则 8），或者只是继续建立数据实例的读取副本（X 轴——规则 7）。我们可能会发现信息读取存在着独特的地理特点（如某些类型的新闻），我们开始根据提出请求的用户的地理位置来确定数据拆分的边界，因此这是另外一种类型的 Z 轴拆分（规则 9）。

幸运的是，你已经确定了该规则的模式。首先假设可能的使用情况，然后确定可以最大化缓存的拆分方法。在对应用和支持应用的持久数据存储进行拆分后，评估它们在生产中的有效性。进一步完善基于生产数据的拆分方法，并反复应用帕累托原则和 AKF 扩展立方体（规则 7、8 和 9）来细化和提高缓存命中率。打肥皂，冲洗，如同洗澡般不断重复循环。

规则 25——利用对象缓存

内容：实现对象缓存以帮助扩展持久层。

场景： 任何有重复查询或计算的时候。

用法： 选择任何开源或有供应商支持的解决方案和在应用代码中实现。

原因： 实施相当简单的对象缓存可以节省大量应用或数据库服务器上的计算资源。

要点： 在任何重复计算的场合考虑实施对象缓存，但主要在数据库和应用层之间。

对象缓存是用来存储每个对象的哈希摘要的数据存储（通常在内存中）。这些缓存主要用于存储那些可能需要很多计算资源才能重新产生的数据，例如复杂数据库查询的结果集。哈希函数将一个可变长度的大数转换成一个小哈希值[8]。这个哈希值（也称为哈希和或校验和）通常是一个可以用作数组中索引的整数。这绝不是哈希算法的完整解释，其本身的设计与实现已经自成体系，你可以在Linux系统上用cksum、md5sum和sha1sum按照如下代码做几个测试。注意可变长度的数变换成结果一致的128位哈希值。

```
# echo 'AKF Partners' | md5sum
90c9e7fd09d67219b15e730402d092eb[em][em]-
# echo 'Hyper Growth Scalability AKF Partners' | md5sum
faa216d21d711b81dfcddf3631cbe1ef[em][em]-
```

对象缓存有许多不同的种类，如流行的Memcached、Apache的OJB和NCache，数不胜数。实施方式之多更胜过工具选择的多样性。对象缓存通常部署在数据库和应用之间，用来缓存SQL查询结果集。然而，有些人把对象缓存用于复杂应用计算的结果，如用户推荐、产品优先级或基于最近表现的广告重排序。最常见的实施是把对象缓存放在数据库层前面，因为通常数据库扩展起来最困难、最昂贵。如果可以，推迟数据库拆分或购买更大的服务器，但这不是我们推荐的扩展方法，实施对象缓存是正道。让我们讨论一下如何选择实施对象缓存的最佳时机。

除了留意数据库的 CPU 和内存使用率外，SQL 查询排行榜是表明系统需要目标缓存的最具代表性指标。SQL 查询排行榜是根据那些在数据库上运行得最频繁和资源最密集查询所生成报表（或使用的工具）的通称。Oracle 的 Enterprise Manager Grid Control 有个内置的 SQL 查询评估工具，用来识别那些 SQL 资源最密集的语句。除了可以确定执行很慢的查询和排定改善它们的工作优先级外，这个数据还可以用来显示哪个查询可以通过添加缓存从数据库中消除。所有常见的数据库都有类似的报告或工具，通过内置或附加的工具提供服务。

一旦决定了要实施对象缓存，就需要选择最适合的方案。提醒那些可能会考虑自建解决方案的技术团队。有太多生产级别的对象缓存方案可供选择。例如，Facebook 采用 800 多台服务器为其系统提供超过 28TB 的内存[9]。虽然可能你做出决定自建而不是购买或使用开源的对象缓存，但是这个决定需要详细斟酌。

下一步是实施对象缓存，通常这是直截了当的。Memcached 支持许多不同编程语言的客户端，如 Java、Python 和 PHP。PHP 有 get 和 set 两个基本命令。从下面的例子可以看到我们连接到 Memcached 服务器。如果连接失败，就通过 dbquery 函数查询数据库，这部分没有显示在例子中。如果 Memcached 连接成功，就尝试检索与特定的 $key 相关联的 $data。如果 get 失败，我们查询 db 并把 $data 存入 Memcached，这样在下次查询时，可以期待在缓存中能够找到它。set 命令中的 false 标识用于压缩，90 是以秒计算的缓存有效期。

```
$memcache = new Memcache;
If ($memcache->connect('127.0.0.1', 11211)) {
[em][em]If ($data = $memcache->get('$key')) {
[em]} else {
[em][em][em][em]$data = dbquery($key);
[em][em][em][em]$memcache->set('$key',$data, false, 90);
[em][em]}
} else {
[em][em]$data = dbquery($key);
}
```

实施对象缓存的最后一步是监控缓存命中率。这是能在缓存系统找到请求对象的次数与请求总次数的比率。理想情况下，该比率应该是 85% 或更高，意味着请求对象不在缓存中或者缓存对象过期的机会仅有 15% 或更少。如果缓存命中率下降，需要考虑添加更多对象缓存服务器。

规则 26——独立对象缓存

内容： 在架构中采用单独的对象缓存层。

场景： 任何实施对象缓存的时候。

用法： 将对象缓存移到自己的服务器上。

原因： 对象缓存层独立的好处是可以更好地利用内存和 CPU 资源，并具备可以在其他层之外独立扩展对象缓存的能力。

要点： 在实施对象缓存时，把服务配置在现有层如应用服务器上很简单。考虑把对象缓存实施或迁移到自己的层上，以便取得更好的性能和可扩展性。

在规则 25 中，我们介绍了实施对象缓存的基本知识。我们以在监控对象缓存的命中率，当其下降到 85% 以下时，建议考虑扩展对象缓存池结尾。在本规则中，我们将讨论在哪里实施对象缓存池，以及在应用架构中是否应该将其配置在自己的层上。

许多公司从网络或应用服务器开始实施对象缓存。这样的实施简单有效，不必投入额外的硬件或虚拟机实例（如果在云上操作）就可以实现对象缓存。缺点是对象缓存会占用服务器的大量内存，结果造成对象缓存无法在应用或网络层外独立扩展。

更好的选择是把对象缓存配置在自己层的服务器上。如果使用对象缓存来存储查询结果集，那么将部署在应用服务器和数据库之间。如果缓存对象创建在应用层，那么对象缓存层就部署在网络和应用服务器之间。见图 6-5 的架构图。这是逻辑架构，其中的对象缓存层可能是物理服务器层，用来缓存数据库对象和应用对象。

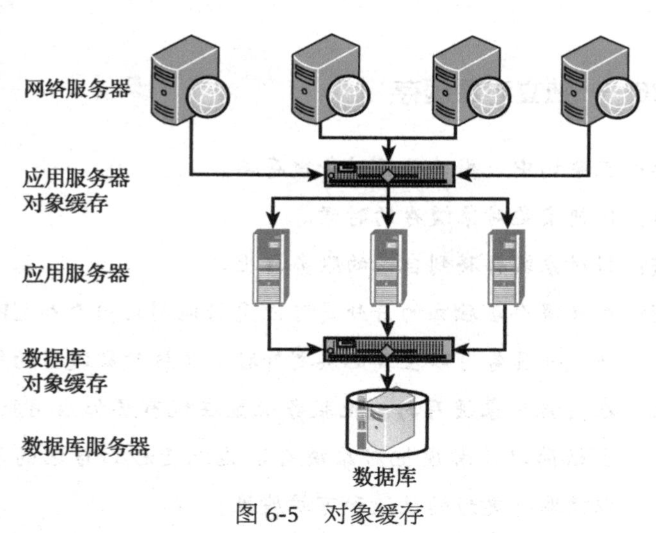

图 6-5　对象缓存

分离这些层的优点是可以根据对内存和CPU的要求适当地选择服务器。此外，可以在其他服务器池以外独立地扩展对象缓存池中的服务器。正确地扩展服务器可以极大地节省成本，因为对象缓存通常需要大量内存，在内存中存储对象和键，但需要相对较低的计算能力。不必拆分应用或网络服务器，在必要时添加服务器，让对象缓存使用额外的容量。

总结

本章讨论了7个缓存规则。因为有无数缓存选项可以考虑，也因为缓存是系统扩展行之有效的方法，所以该主题有这么多的专门规则。通过从浏览器到网络，直到应用和数据库每个层次的缓存，我们可以显著地提高系统性能和可扩展性。

注释

1. Akamai, "Dynamic Site Accelerator," 2014, www.akamai.com/us/en/multimedia/documents/product-brief/dynamic-siteaccelerator- product-brief.pdf.
2. Mark Tsimelzon et al., W3C, " ESI Language Specification 1.0, " www.w3.org/TR/esi-lang.
3. R. Fielding, J. Gettys, J. Mogul, H. Frystyk, L. Masinter, P. Leach, and T. Berners-Lee, Networking Group Request for Comments 2616, June 1999, " Hypertext Transfer Protocol—HTTP/1.1," www.ietf.org/rfc/rfc2616.txt.
4. Apache HTTP Server Version 2.4, "Apache Module mod_expires," http://httpd.apache.org/docs/current/mod/mod_expires.html.
5. Apache HTTP Server Version 2.4, Apache Core Features, " KeepAlive Directive,"

http://httpd.apache.org/docs/current/mod/core.html# keepalive.

6. Jesse James Garrett, "Ajax: A New Approach to Web Applications," Adaptive Path.com, February 18, 2005, http://adaptivepath.org/ideas/ajax-new-approach-web-applications/.
7. Fielding et al., Hypertext Transfer Protocol—HTTP/1.1, "Header Field Definitions," www.w3.org/Protocols/rfc2616/rfc2616-sec14.html.
8. Wikipedia, "Hash Function," http://en.wikipedia.org/wiki/Hash_function.
9. Paul Saab, "Scaling Memcached at Facebook," December 12, 2008, www.facebook.com/note.php?note_id=39391378919& ref=mf.

第7章　前车之鉴

长期研究的结果表明：从失败而不是成功中能学习到更多的东西。但是，只有营造开放和诚实沟通的环境，同时辅以能帮助我们反复从错误和失败中吸取教训的轻量级过程，才能真正地从失败中吸取教训。若隐藏失败，结果必然是反复失败，不如努力营造把分享失败作为最佳实践反模式的环境。要想成功，我们需要观察客户并把每次失败当成一个吸取教训的机会来积极学习，适当地依靠像QA这样的组织，预期系统失败，并针对这些失败做好充分的准备。下面的故事说明了一家公司如何能够深入和广泛地学习。

Intuit是美国的一家软件公司，它为小型企业、会计师和个人提供财务与税务筹划软件及其相关服务。截至2015年，Intuit是一家市值接近260亿美元的非常成功的全球化公司，营收41.9亿美元，员工超过8500人。Intuit由斯考特·库克和汤姆·普鲁于1983年创建，他们的第一款产品完全基于台式机和笔记本电脑。到了21世纪初，消费者行为开始改变——用户开始期待曾经在自己系统上运行的产品可以作为服务在线交付（软件作为服务），甚至最终通过移动设备使用。Intuit 很早就看到了这个趋势，多年来，包括 Quicken、TurboTax 和 QuickBooks 在内的许多款产品都在研发网络版和移动版。通过向 SaaS 和移动两个方向过渡，Intuit 迅速学习，但他们每次都采取非常不同的方法。下面的故事是 Intuit 在向 SaaS 和移动过渡的旅程中学习的例证。

在 Intuit 的业务向 SaaS 过渡的过程中，其托管 SaaS 产品的知识受到了局限。由首席技术官泰洛·斯坦布里领导的信息技术部是一个不断成长的团队，他们负责基础设施，软件解决方案就运行在这些基础设施之上。“在 2010 年，我们有一个相当重要的数据中心，发生了由配电单元［PDU］失效所引起的故障。”斯坦布里说。“修理工进来修理 PDU，在修理第一套设备时，不小心使同类型的其他 PDU 也瘫痪了。数据中心彻底停电，有个存储单元因停机不当，结果造成数据完全损失。花了近 24 小时才恢复数据，让所有应用恢复运行。”

幸运的是，这个事件不是发生在 Intuit 的高峰期，错开了工资和税收季节。（Intuit 收入中的相当大一部分来自于多个产品线的季节性高峰期，诸如美国的报税季节。）泰洛说道，“受损客户量不小，但情况可能会更糟糕。”假如故障发生在产品线的旺季，会对公司造成更大的损失，所以这次事故可以作为对团队的一个很好的提醒。在某种意义上它是完美的警告，使每个人都知道我们在这方面知识匮乏。他们动作机敏，每个团队都立即召开了深度讨论会，检讨如何能把主动／被动架构转变成主动／主动架构。然而，当泰洛开始查看 Intuit 如何能理解并尽早解决这些问题时，结果发现很多推动这些努力的人，并没有适当的 SaaS 架构经验，而且也不知道该怎么提出合适的问题。

例如，有个应用负责人询问团队是否具备故障转移能力。有人告诉她团队具备故障转移能力，但是没有给出更多细节，结果她并没有意识到，所谓的故障转移能力只针对少数几台 QA 服务器。好消息是这些服务器位于另一个数据中心。坏消息是这些服务器只能用于测试，无法扩展以满足生产流量，而且从来都没有运行过全套软件和服务。这位负责人相信，基于她问题的答案，系统已经得到了保护。泰洛说，“她没有追问第二、第三和第四级问题，以确保团队进行故障转移演练。”意识到团队负责人缺少大型 SaaS 系统扩展方面的知识，他开始亡羊补牢。

在接下来的两年里，泰洛招募技术团队的总监和副总裁，要求他们具有架构和研发高可用 SaaS 系统的知识与经验。这并不是把每个人都换掉，但泰洛保证引入了足够多的新才俊，足以对墨守成规、根深蒂固的团队加以改变。多才多艺的新人也带来了大量新知识与新文化。该方法在很短的时间内生效，团队开始在新的主动 / 主动高可用架构下勤奋工作。

Intuit 团队在向移动转型的过程中也开始意识到他们没有合适的技能。因为 Intuit 公司在桌面空间里长大，毫不奇怪，公司有很多桌面工程师。但是没有移动应用的研发者。泰洛继续说道，“硅谷的每个公司都在构建移动应用，移动设备不再只是供你玩游戏，真的可以在上面做重要的金融交易处理和构建金融系统，一旦整个公司的重心都倾斜到这个想法上，对我们而言，移动就成了件轻而易举的事。”泰洛解决该问题的方法是把桌面工程师改造成移动研发工程师。

泰洛说，“事实证明，桌面和移动架构确实具有相当大的同构性。我们可以改造桌面工程师，经过一个月的 Android 或 iOS 培训后，马上让他们在构建高质量的移动应用的过程中发挥作用。在网上你可以一天发布几次应用。但每次发布到客户端前都必须要先打好包，当用户在使用应用时，你无法频繁地更新它。我们刚好有一群工程师有相关环境的构建经验。你失去了一点点屏幕空间，但得到的是一些在桌面系统上所没有的传感器，此消彼长。”泰洛的观点是，有时缺乏的知识必须从外部获得，有时可以培训现有员工。这些决定要求技术领导者运用自己的专业知识做出判断。

Intuit 的故事告诉我们，组织必须在深度和广度上学习。学习的深度来自于多问“为什么”，直到原因清楚、答案确定。学习的广度不仅来自于为做出更好的产品而查看在技术和架构上需要的修改方案，还来源于我们需要什么样的培训、人、组织和流程。像数据中心故障这类事件的损失是巨大的，我们必须从中深入并且广泛地学习，以防止类似的故障再次发生。

规则 27——失败乃成功之母

内容： 抓住每个机会，尤其是失败的机会，学习经验并吸取教训。

场景： 不断地从错误和成功中学习。

用法： 观察客户或用 A/B 测试验证。建立事后分析过程，在低故障率环境下采用假设失败的方法。

原因： 做事情不考虑结果或发生事故而没有从中吸取教训，都会错失良机，从而让竞争对手趁机占便宜。最好的经验来自于失败中的错误，而不是成功。

要点： 要不断努力地学习。学习得最好、最快和最频繁的是那些增长最快并且最具可扩展性的公司。千万不要浪费失败的机会。抓紧每个机会学习，发现架构、人和过程中需要纠正的问题。

贵组织中是否有人认为他们掌握了构建大型可扩展性产品所需要知道的一切？或者贵组织是否认为自己比客户知道得更多？是否听到有人说过顾客不知道自己要什么？虽然客户不一定能说清楚，但这并不意味着他们在看到时不知道。不能抓住每个机会持续地努力学习，使你在不断学习的竞争对手面前不堪一击。

对互联网社区传染（也称为病毒式增长）产品和服务的持续研究揭示出，拥有学习文化的组织更易于实现病毒式增长。下面的介绍假定你不熟悉社区传染和病毒式增长的术语，病毒起源于流行病学（研究人群的健康和疾病的科学），互联网社区传染用来解释互联网公司产品如何快速在用户之间传播的现象。用户呈指数型增长称为病毒式增长，指的是人们有意识地相互分享信息。在自然界中，大多数人不是故意传播病毒，但是在互联网上他们以信息或娱乐的形式进行，由此产生的传播与病毒传播相似。一旦这种指数增长开始，就有可能准确预测它的速率，因为它遵循幂律分布，直到产品达到一个平衡点。图7-1显示了某个产品累计用户数的病毒式增长（实线）情况，以及另外一个产品因为10%的差距错失了引爆点的情况（虚线）。

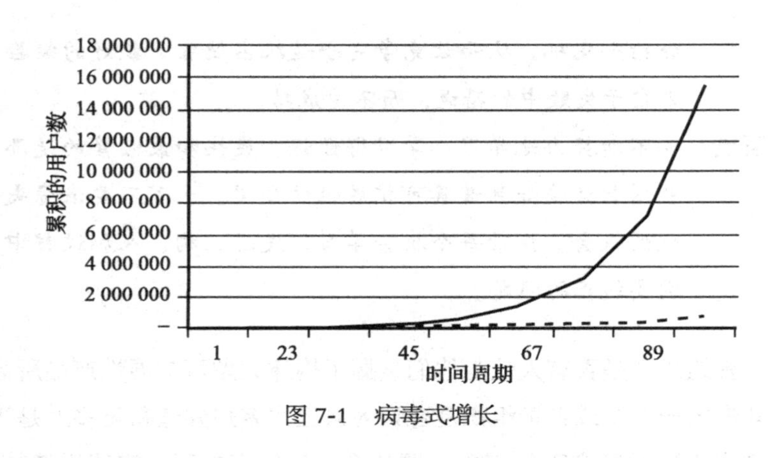

图 7-1　病毒式增长

创造学习文化的重要性不可低估。即使对实现病毒式增长不感兴趣，如果想要为客户做出好产品，就必须愿意学习。学习有两个方面是至关重要的。首先，如前所述，从客户那里学习。其次，从业务 / 技术的运营中学习。我们依次对两者进行简短的讨论。这两个方面都仰赖优秀的聆听技巧。相信上帝给了我们两只耳朵和一张嘴是在提醒要多听少说。

焦点小组很有趣，因为他们有机会坐下来聆听客户的想法。问题是，像大多数人一样，客户实在不知道应该如何向我们反映产品的情况，直到在自己客厅或者电脑上看到和感受到为止。不要在哲学领域里深究为什么，但这里部分是由所谓的社区建设造成的。简单地说，通过把社会群体中最广泛的含义赋予事物（确实是一切，有人认为这样做是为了现实本身），我们让一切有意义。虽然我们可以形成自己的观点，但是它们通常只是反思或建立在别人相信什么的基础上。那么，你应该如何解决不相信顾客说法的问题呢？快速发布并观察客户的反应。

可以以好几种方式观察客户。简单地跟踪使用情况和采用新功能是一个好的开始。比较经典的A/B测试甚至更好。把客户随机分为A和B两组，并允许A组访问某个产品的某个版本，B组访问其他的版本。通过结果比较，如放弃率、现场花费的时间、转换率等，以确定哪个版本执行得更好。很明显，对被测量的指标必须要有前瞻性的考虑，但这是用来比较产品版本优劣的既好又相当准确的方法。

如果想在技术和商业运作上实现可扩展性，就必须不断地了解其他领域。绝不能让事件或问题从眼前溜过而不从中学习。网站的每个问题、事故或停机都是学习如何在未来把事情做得更好的机会。

许多人在社交聚会上讨论世界大事时，都可能会说："我们似乎从来没有从历史中吸取教训。"但有多少人真的用这个标准来衡量自己、我们的创新成果和所在的公司？在涉及高可用性与高可扩展性技术平台的领域里存在着一个有趣的悖论：构建那些系统的目的就是防止频繁失败，因此可以学习的机会也比较少。这个悖论的固有含义就是每个过程、系统或人员的失败给我们提供了事后分析、学习的机会。不能利用这些宝贵的事件来优化人、流程和架构，注定要继续日复一日、年复一年地持续运作，这也意味着无法改善。如果无法改进，出现在超高速成长业务背景画布上的就是描绘业务失败的画面。当业务增长太快时，在业务中会发生太多的事情，以至于我们无法相信当初设计的 x 倍扩展解决方案将能够支撑 $10x$ 倍业务的扩展。

核能发电领域为需要从错误中学习提供了有趣的见解。1979

年，美国三里岛的TMI-2反应堆部分堆芯熔化，造成美国历史上最重大的核事故。这次事故为几本书，至少一部电影，以及两个重要的理论提供了素材，这些理论是有关如何在事故罕见但是代价昂贵的环境中学习。

查尔斯·佩罗的正常事故理论，假设现代耦合系统所固有的复杂性使事故不可避免[1]。这些系统的固有耦合性造成相互作用迅速升级，使人类或控制系统成功交互的机会几乎没有。回想一下你多久看一次监控系统，可以在监控从全部“绿色”变成几乎完全“红色”之前，响应第一个报警消息。

托德·拉波特提出了高可靠性组织理论，他认为即使在没有事故的情况下组织也可以学习，并以组织战略来实现更高的可靠性[2]。尽管这些理论存在着不一致性，但是它们有一些共性元素。首先，经常失败的组织往往有更好的学习和成长机会，当然假设他们能够抓住机会并从中学习。其次，在前面理论的基础上，很少失败的系统几乎不提供学习机会，在团队没有其他办法的情况下，系统不会增长和改善。

强调了从错误中学习和改进的重要性，暂时偏离这个主题，简单地描述一个可以学习和改进的轻量级过程。对于我们所经历的任何重大问题，我们相信公司应该采用事后分析的过程，通过截然不同但容易描述的三个阶段来解决这个问题。

- **阶段1：时间轴**——聚焦在时间轴上描绘引起问题或危机的那些事件。在这个阶段，除了时间轴以外，什么都不要讨论。一旦参加会议的每个人都一致认为再没有更多事件要添加到时间轴上，该阶段就结束了。通常会发现，即使已经通过了时间轴阶段，人们还是会在事后分析的下一个阶段继续想起或发现值得在时间轴上标注的事件。

- **阶段2：发现问题**——过程的协调者和团队一起回顾时间轴并发现问题。监控先在早上8点发现客户失败，但直到中午才有人响应，可以这么做吗？为什么数据库的自动故障转移没有按照预期设计发生？为什么相信删除表会使应用恢复运行？在时间轴上发现了每个问题，但暂时不纠正或采取行动直到团队发现全部问题。团队成员总是提出行动建议，但是过程协调者有责任让团队在第2阶段聚焦在发现问题上。
- **阶段3：明确行动**——每个问题至少应该有一个措施与其相关联。对于列表中的每个问题，过程协调者与团队合作确定措施、拥有者、预期的结果以及完成时间。应用SMART原则，每个措施都应该是具体的、可度量的、可实现的、现实的、有时间性的。即使该行动可能需要一个小组或团队来完成，也应该确定单一的拥有者。

在没有解决导致故障的人、过程和架构问题之前，不应当认为事后分析过程是完整的。我们经常发现客户在事后分析中，把“服务器宕机”作为事件的根本原因。与人和过程一样，硬件失败，单一组件故障都不应该被视为任何事件“真正的根本原因”。对任何可扩展性或可用性失败，真正要问的问题是，“为什么系统整体不能表现得更好一些？”如果数据库加载失败，我们可以问，“为什么团队没有更早地发现这个需要？”应该设立哪些过程或监控环节以帮助我们发现问题？为什么从失败中恢复要这么久？为什么不拆分数据库以减轻故障对客户群或服务的影响？为什么不能把只读数据库快速升级为可写数据库？根据我们的经验，除非你能回答至少五个“为什么”来涵盖五种不同的潜在问题，否则不算完成调查。问五个“为什么”很常见，但有点武断，你应该继续盘问直到没有什么新发现。这个过程用来发现多重原因。我们很少看到只由一个根本原因造成的失败。保存事件日志并定期回顾以发现重复出现的问题和主题。

既然已经讨论了应该做什么，那么让我们回到没有机会研发此类系统的情况。韦克和萨克利夫为幸运的机构提供了一个解决方案，帮助它们构建有效扩展且不经常出现故障的平台[3]。为满足本书的需要，我们对该方案稍加修改并描述如下。

- **关注失败**——做法就是监控产品和系统并及时报告错误。有人会认为，成功使人目光狭窄并且盲目自大。要控制由此而产生的自满情绪，企业需要把系统故障完全透明。应该广泛发布报告并经常讨论，如在每日例会上讨论平台运作。
- **拒绝简化解释**——不采取任何想当然的措施，寻求来自不同来源的输入。不要试图将失败转化为预期的行为并表现出貌似健康的偏执狂。人们倾向于把小变化解释为“常态”，而它们很可能在早期就预示了未来的失败。
- **对操作的敏感性**——查看分钟级的详细数据。包括实时数据的使用并进行持续评估和不断更新。
- **坚守弹性承诺**——通过轮岗和新技能培训，培养全方位的能力。eBay 的前雇员可以证明数据库管理员（DBA）、系统管理员（SA）和网络工程师都曾在运维中心轮岗。此外，一旦修复，团队应迅速重新进入戒备状态，准备应对下一个挑战。

- **尊重专业经验**——在危机事件中，从领导的角色转换为拥有最专业知识的个人来处理这个问题。考虑围绕危机管理提高能力，如在运营中心设置“值班技术官”。

不要漠视前车之鉴，因为那是做出积极改变的最大机会源泉。建立运转良好的事后分析过程，从错误中提炼出一丝一毫的经验教训。如果不花时间对事件进行事后分析，找到真正的根本原因，并吸取经验教训以避免犯同样错误，那么失败注定会再次发生。我们的逻辑是，错误不可避免，但不能犯相同的错误。如果找不到性能差的查询，结果直到进入生产环境并导致网站中断才发现，那么就必须要找到真正的根本原因并修复。在这种情况下，问题的根本原因已经不仅是查询性能不好，还包括允许该查询进入生产环境的过程和人员。如果有个精心设计、很少出故障的系统，即使在极端的扩展需求下，实践组织“正念”，接近数据以便更好、更容易地发现未来的故障。在这种情况下很容易陷入自满的感觉中，应该对可能发生的不同故障进行假设和头脑风暴。这里的关键是要从错误和成功中吸取经验教训。

规则28——不靠QA发现错误

> **内容：** 利用QA降低产品交付成本，提高技术吞吐量，发现质量趋势，减少缺陷，但不提高质量。
>
> **场景：** 任何可能的机会下，通过专人聚焦测试而不是写代码以提高效率。利用QA从过去的错误中学习。

> **用法：** 每当测试活动获得超过一个工程师的价值输出时，就雇用一个QA人员。
>
> **原因：** 降低成本，加快交付速度，减少缺陷重复。
>
> **要点：** 因为系统质量无法测试，所以QA并不会提高质量。如果使用得当，可以提高生产力，同时降低成本，最重要的是，可以避免缺陷率的增长速度超过快速雇用期间的组织增长率。

为了启发思考和讨论，规则28有点文不对题。当然，有一个团队负责测试产品并发现缺陷是有道理的。问题是不应该仅仅依靠这些团队发现所有缺陷，这好比航空公司只靠飞行员安全着陆。这个观点的核心基于一个简单的事实：测试无法成就系统质量。测试只能发现研发过程中带来的问题，其结果是找回被摧毁的价值。比较罕见的情况是测试或执行测试的团队发现了未开发的机会，并由此创造附加价值。

不要误解——QA在技术团队中起着重要的作用。当公司以令人惊人的速度快速增长并且需要扩展系统时，QA甚至起着更为重要的作用。QA的主要作用是以较低的成本帮助发现产品的问题，这与工程师执行的任务相同。从该角色中获得的两个重要好处是提高工程速度和增加缺陷检出率。

QA以与工业革命降低制造成本和增加产量相同的方式得到了这些好处。通过把工程过程流水线并且使工程师主要聚焦在构建产品（当然还有单元测试）上，在测试过程的建立和拆除上花费更少的时间。工程师现在每天可以有更多的时间专注于构建业务应用。

因此我们通常会看到每小时的产出量和每天的产出量都增加了。以静态成本取得较高速度的结果是单位成本下降。此外，一个好的QA团队的单位人力成本通常低于技术团队，这又进一步降低了成本。因为检测团队集中精力发现缺陷并且得到激励，所以他们在发现自己的代码（如许多工程师写的）或者身边很要好的工程师朋友的代码问题时，没有任何心理负担。

什么时候聘用QA人员

当通过聘请QA人员可以获得一个或多个工程师的生产效率时，就应该雇用一个QA人员。这笔账相当容易算。如果有11个工程师，每人大约花费10%的时间在测试上，这相当于一个QA人员的工作量，通过雇用一个QA人员，你可以取得等价于1.1个工程师的生产效率。通常，这个QA人员的成本比工程师要低，所以你是以0.8或0.9个工程师的成本得到了1.1个工程师的工作价值。

这些观点并不反对在运转良好的敏捷过程中工程师和QA人员互相配合。事实上，在许多实施案例中，我们都建议采用该方法。但分工仍然有价值，通常会达到降低成本、提高缺陷发现率、增加吞吐量的目标。

但QA团队最大的尚未阐明的价值体现在超高速增长公司。这并不是说该价值在静态公司或低速增长公司里不存在，但对每年翻一番（或更多）的技术团队它变得更加重要。在这些情况下，标准难以执行。在公司内任期较长的工程师没有时间跟上和执行现有的标准，甚至没有时间来发现对新标准方面的需要，以满足扩展、质量或可用性方面的需求。在每年翻一番的情况下，从第三年年初开始，半数“经验丰富”的团队中成员平均只有一年或更少的公司经验！

这就给我们带来了问题，为什么这个规则会出现在本章？想象一下在一个环境里，管理者花近一半的时间来面试和招聘工程师，半数（或更多）工程师在该公司的工作时间少于一年。想象那些现有的经验丰富的工程师将花多少精力来指导新入职工程师学习源代码管理系统、构建环境、生产环境等。在这样的环境里，几乎没有时间来验证代码构建得是否正确，并且发布到QA环境中的错误数量（理想情况下不是生产环境）明显增加了。

在这些环境中，QA的工作是从质量角度告诉团队正在发生什么事情以及在什么地方发生，这样，工程团队就可以适应和学习。QA成为一个工具，有助于团队了解哪些错误反复出现，这些错误发生在什么地方以及理想情况下团队如何在未来避免这些错误。QA很可能是唯一能看到这些问题反复出现的团队。

如果新工程师没有机会看到失败及其所带来的影响，他们不仅可能会继续犯错，还容易养成犯这些错误的习惯。更糟的是，他们很可能把这些坏习惯教给刚入职的新工程师。一开始略微增加的缺陷率，会逐渐增加并变成恶性循环。而当噩梦在眼前即将发生时，所有的人都在四处奔跑，试图发现质量噩梦的根源：从过去的错误中吸取教训！

诸如代码审查和测试驱动的开发（TDD）之类的技术，可帮助工程师产生高质量代码，在达到QA之前发现缺陷。与同行进行一对一的代码审查，有助于工程师在初始研发过程中发现和纠正错误。测试驱动的开发是一种方法，由工程师开发自动化测试用例

（测试用例定义新的功能），然后产生可以通过测试的最基本代码量。TDD 在提高代码质量的同时可以提高生产效率。这些技术有助于在该过程尽早把质量内置在软件中从而减少返工机会。

QA 必须致力于确定在成长型组织中哪里存在着反复发生的问题，并搭建环境来讨论和解决这些问题。最后，QA 最重要的好处是：有助于团队从技术故障中学习。工程师产生缺陷，而 QA 有助于降低风险。要理解 QA 无法测试系统的质量，而且不愿意自己作为研发安全检查的角色，就像在棒球比赛中，站在接球手后面来捕获他们未接到的球一样，优秀的 QA 团队致力于发现技术团队中那些会导致后期质量问题的系统性故障。其价值远远超出了绘制燃尽图以及确定查询 / 修复比率的重要性；这涉及挖掘和发现问题的主题及其来源。一旦确定下来，他们就会提出解决问题的想法。

规则 29——不能回滚注定失败

内容： 必须具备代码回滚的能力。

场景： 确保所有版本的代码都有回滚能力，在准生产或者 QA 环境演练，必要时在生产环境用它来解决客户的问题。

用法： 清理代码并遵循几个简单的步骤以确保可以回滚代码。

原因： 如果没有经历过无法回滚代码的痛，还继续冒险地“修改 – 发布”代码，那么你可能会在某个时刻体会到这种痛苦。

要点： 应用过于复杂或者代码发布太频繁所以不能回滚，这个借口无法接受。稳健的飞行员不会在飞机不能着陆时起飞，明智的工程师不会发布不能紧急回滚的代码。

如果要为下个规则营造合适的气氛，那么大家应该在深夜围坐在篝火旁讲恐怖故事。我们要讲的是经典的恐怖故事，包括那些在屋子里听到了可怕声音但不出去的人。那些忽略了所有警告信号的蠢人就是我们自己。

时间回到 2004 年 10 月 4 日的那一周。PayPal 技术团队刚完成聚焦重要架构调整的最复杂开发周期。这些变更的目的是拆分几乎是单体的 CONF 数据库，该数据库包含了 PayPal 用户账户以及在 PayPal 系统上不可或缺的同步资金收发。

多年来，PayPal 不曾考虑过拆分单体数据库。但交易和用户账户的增长惊人（一直到 2004 年，PayPal 服务都持续稳居增长最快的前五名），摩尔定律允许该公司通过购买更大和更快的系统来扩展，而暂缓数据库架构的重大拆分。在 2004 年，公司的数据库 CONF 运行在 Solaris Sun Fire 15K 上，该系统配置了 106 个 1.35 GHz 处理器和 18 块系统板。即使拥有这种比较大的处理能力（当时），该公司也很快就耗尽了系统容量（当时是 Sun（现在的 Oracle）可用的最大系统）。虽然 Sun 已经宣布会有更大的服务器 E25K，但是负责技术的高管们（eBay 高级副总裁和首席技术官马丁·阿伯特，PayPal 首席技术官盖革，以及 PayPal 技术副总裁与架构师迈克·费舍尔）认为未来的增长不能再依靠向上扩展了。

因为 PayPal 的产品始于早期移动设备上的转账，PayPal 的产品负责人强烈地感觉到账户之间的任何转账都需要“实时”发生。例如，如果马丁想给迈克转 50 美元，交易要想成功，必须立即从马丁的账户转出资金，同时把资金立即转入到迈克的账户。如果转出或转入失败，就需要事务回滚。不管这种做法是否真正具有差异化竞争力，但绝对源于支付行业的其他机构（如传统银行）的典型实践。这些解决方案把资金的转出和转入交易分开。借方首先在马丁的账户上转出资金。这可能是立即记录借记的金额或未决交易的通知。发给迈克账户的通知可能会发生在从马丁账户转出资金的时间点。如果发出某些通知，它通常是单个代表入站未决事务的过程。一些未来的借贷过程——通常不会变成同步交易，而会形成多个异步交易。第8章会讨论PayPal团队如何解决这个问题。现在，让我们听听时任PayPal首席技术官盖革对实施本规则的看法。

“PayPal从其初始阶段开始，一直就一边发布新代码，一边计划好在生产中发现任何错误时进行修正，然后再发布。这种做法在版本24.0之前从来没有给业务带来任何重大的问题。然而，这种做法与其当时的母公司eBay的实践截然相反，eBay始终确保在代码进入生产环节后随时可以回滚，”盖革解释道。

“PayPal的技术团队认为，始终能够回滚到任何版本的代价远远超过了该过程的价值。该过程的代价建立在每个版本成本的基础上，回滚比修正后再发布的概率要低。经验告诉我这类分析有两个失败的地方，随后会深入讨论。版本24.0的发布带来了一场难以拯救的大灾难。我们根本就无法处理美国白天高峰时段的交易。因为我们试图解决与该版本相关的问题，所以灾难至少持续了三个交易日。那三天我们未能对用户履约。”

eBay在2004年10月14日向其用户发布了道歉信[4]:

过去几天，你们中的许多人经历了PayPal的使用问题。首先我们想就此表示抱歉，因为影响了您的交易活动，对许多人来说，这是您的业务。

正如我们早些时候沟通的那样，最近出现的访问网站和使用 PayPal 功能的问题，是因 10 月 8 日星期五为了升级网站架构发布新代码带来的意外结果。账户数据和个人信息从未出现问题，许多用户在使用 PayPal 付款和发货功能时遇到了困难。为能尽快恢复正常服务，来自 PayPal 和 eBay 的两个技术团队在夜以继日地工作。

PayPal 的功能已经恢复正常，无论在 eBay 平台还是其他地方，PayPal 用户已经能够恢复正常的交易活动。展望未来，我们的技术团队将继续专注于确保为 PayPal 平台提供最高标准的可靠性和安全性。

感谢您在此过程中的耐心。提供优质服务是 PayPal 的当务之急。虽然在过去的几天里我们没有达到您或我们自己的期望，但是我们期待有机会能重新获得您对我们服务的信任。

您真诚的朋友，

eBay 总裁兼首席执行官梅格·惠特曼

eBay 全球在线支付高级副总裁兼 PayPal 总经理马特·班尼克

eBay 负责技术的高级副总裁马丁·阿伯特

盖革继续说道，“尽管完成了与 eBay 回滚能力保持一致的专题项目，但是实际上由此带来的网站问题好像并不多，为任何版本启用回滚代码的成本也不高。在两周内，我们就找到了可以在软件变更之前通过修改数据库模式，从而验证向后兼容性的方法。现在讨论前面提到的故障分析：（1）从任何版本回滚的成本几乎总比你想象的低，（2）能够回滚的价值不可估量。只需要有一次重大的失败，你就会感同身受，但我建议不要冒这种风险。”

以下几点为我们和许多其他团队提供了回滚能力。正如你所预期的，大部分回滚的问题出现在数据库中。通过梳理应用，清理悬而未决的问题，然后坚持一些简单的规则，每个团队都应该能够回滚。

- **数据库结构的变更仅可以增加**——只应该增加而不删除列或者表，直到下一版代码发布，它明确不再依赖于这些列。这些标准一旦实施，每个版本都应该有一部分专门致力于清理以前发布但现在不再需要的数据。
- **数据库变更脚本化并经过测试**——代码发布涉及的数据库变更必须提前写好脚本，不能采用手工操作。这应该包括回滚脚本。原因是：（1）团队需要在QA或者准生产环境中测试回滚过程，以验证它们没有漏掉什么将阻止回滚的内容，（2）需要在一定负载条件下测试脚本，以确保当应用使用数据库时仍然可以执行脚本。
- **限制应用中SQL查询的使用**——开发团队需要纠正所有含糊不清的SQL查询，去除所有的SELECT * 查询，并且为所有的UPDATE语句添加列名。
- **数据的语义变化**——开发团队不能改变版本中数据的定义。一个例子是目前作为状态信号量的票务表中的一列，状态信号量表示三值：已分配、固定、关闭。新版本的应用不能添加第四个状态，直到先发布了代码来处理新状态为止。
- **上线 / 下线**——应用应该有一个基于外部配置的框架，该框架允许特定用户可以访问代码路径和功能。该设置可以在配置文件或数据库表，允许基于角色和随机百分比的方式控制访问。这个框架允许针对一组有限的用户进行 beta 测试功能，并允许在某功能出现重大错误的情况下，快速删除该功能的代码路径，而不必回滚整个代码库。

我们吸取了痛苦但宝贵的教训，留下的伤痕如此之深，以至于我们再也没有发布过一次无法回滚的代码。即使辗转到了其他的团队和工作岗位，该要求一直与我们如影随形。正如你所看到的，前面的指导方针并不复杂，任何团队都可以直截了当地应用这些规则并形成回滚能力。确保任何变更可以向后兼容所带来的额外研发和测试投入，是投资回报率最大的工作。

总结

本章一直在讨论学习。积极学习，从别人的错误中学习，从自己的错误中学习，从客户那里学习。做学习型组织和学习型个体。不断学习的人和组织永远领先于那些不愿意学习的人，正如伟大的查利·琼斯（9 本书的作者和无数奖项的获得者）所说的那样，“除了遇到的人和读过的书外，在十年内你还是你。”我们希望引申他的说法，一个组织的明天将和今天相同，除非能从客户、自己和其他人的错误中吸取经验教训。

注释

1. Charles Perrow, *Normal Accidents* (Princeton, NJ: Princeton University Press,

1999).

2. Todd R. LaPorte and Paula M. Consolini, "Working in Practice but Not in Theory: Theoretical Challenges of 'High-Reliability Organizations,' " *Journal of Public Administration Research and Theory*, Oxford Journals, http://jpart.oxfordjournals.org/content/1/1/19.extract.
3. Karl E. Weick and Kathleen M. Sutcliffe, " Managing the Unexpected, " http://high-reliability.org/Managing_the_Unexpected.pdf.
4. " A Message to Our Users—PayPal Site Issues Resolved, " http://community.ebay.com/t5/Archive-Technical-Issues/A-Message-To-Our-Users- PayPal-Site-Issues-Resolved/td-p/996304.

第8章 重中之重

正如第7章讨论的，我们相信不善用失败是件可怕的事情。从某种意义上说，任何失败都有代价。这个代价可能是与损失相关的交易收入，对订阅模式的产品而言，可能会影响客户满意度，造成客户未来流失。因此，我们需要从失败中获得最大价值，尽可能吸取一切经验教训。第7章描述的PayPal版本24.0事件就是一个隐藏了许多教训的案例。

还记得我们在那一章讨论过，PayPal（大约2004年）采用与行业惯例不一致的即时资金转入和转出的方法，产品团队认为这是差异化的行业竞争优势。当与给定事务相关的所有账户都存在于相同物理和逻辑数据库上时，完成不同账户的资金转入和转出操作非常简单。事实上，事务很少会失败——即使由于物理（主机）或逻辑（数据库或应用）问题失败，也是整体事务全部快速地失败。但是当跨越两个独立服务器来确保该水平事务的完整性就非常困难。应用传统方法，用“挂起”概念分别处理事务（事务的每个环节相对于其他环节异步发生），使存在于不同数据库上的账户这个难题变得比较简单。要求事务以同步方式持续实时发生是个很难解决的问题。

PayPal的架构团队试图通过发布版本24.0，采用被计算机科学称为两阶段提交（2PC）的方法解决问题。两阶段提交包括提交请求（有时称为投票）阶段和执行提交阶段组成。在投票阶段，进程试图锁定必要的属性（在这种情况下是用户账户），只有锁定成功才能进行执行提交。如果锁定成功，进程才执行提交。如果在任何阶段失败，那么整个过程回滚。

工程师们意识到了众所周知的两阶段提交协议及方法的缺点，即该解决方案需要通过数据库锁阻塞事务，当这些活动在系统中分布执行时，可能会导致称为死锁（暂停对所有带锁的特定属性的处理，而且无法轻易解决）的现象。为了降低死锁的概率，最初的方法是限制从CONF数据库中拆分账户，以减少需要两阶段提交协议的事务数量。

但是，这个缓解风险的步骤没有达到预期效果。版本24.0在黄昏发布，即使那时的流量比较低，PayPal的网站也已经开始出现问题。许多交易缓慢完成，其他的似乎全部受阻。用户开始抱怨，监控显示每分钟的支付量骤降——比预期的支付量少了50%。PayPal系统崩溃了。

工程师们疯狂地寻找问题的解决方案，仍然保持着最初的账户分割，这有助于为未来跨越多数据库的可扩展性铺平道路。但遗憾的是，即使只有相对较少的交易需要两阶段提交，研发和架构团队找不到办法来提高两阶段提交协议的处理速度以避免交易堵塞。10月4日那个星期的晚些时候发布的最初变更取消了，账户重新迁移回CONF数据库。作者想告诉客户，总会有比两阶段提交协议更好的其他解决方案——更高的可用性、更快的响应时间和更显著的可扩展性。

第4章讨论了马斯洛的锤子（又名工具定律），简单地说，是对熟悉工具的过分依赖出了问题。我们曾讨论过，关系数据库是被滥用的常见示例。回忆一下关系数据库通常带给我们的某些好处，可概括为ACID，如表8-1所示。

表8-1　数据库的ACID属性

属　　性	描　　述
原子性	要么完全执行事务的所有操作，要么不执行任何操作
一致性	当事务开始执行操作时，数据库将处于一致的状态
隔离性	事务执行时，好像它是数据库中唯一在执行的操作
持久性	当事务执行完成后，它对数据库的所有操作都是不可逆转的

当我们需要将数据拆分成不同实体时，ACID属性真的非常强大，每个实体都与数据库中的其他实体之间存在着一定数量的关系。当我们想要通过这些实体和关系处理大量交易时，它们更加强大：事务包括读取数据、更新数据、添加新数据（插入或创建）以及清除某些旧数据（删除）。我们应该始终努力寻找更轻更快的事务处理方式，有时使用关系数据库根本就没有简单的方法可循，有时候关系数据库因其灵活性成为我们实施的最好选择。规则14（见第4章）反对在不必要的情况下使用数据库，本章结合第2章的规则可以帮助我们避免大多数数据库在架构中引起重大的可扩展性问题。

规则30——从事务处理中清除商务智能

内容：业务系统与产品系统分离、产品智能与数据库系统分离。

场景： 任何考虑公司内部需求和将数据转入、转出或在产品之间转换的时候。

用法： 把存储过程从数据库移到应用逻辑。在公司和产品系统之间不做同步调用。

原因： 把应用逻辑放在数据库中是昂贵的而且会影响可扩展性。把公司系统和产品系统绑在一起也是昂贵的，同样会影响可扩展性并带来可用性问题。

要点： 由于许可证和独特的系统特性，扩展数据库和公司内部系统的成本可能很高。因此，我们希望它们专用于特定的任务。对于数据库，我们希望它专用于事务处理，而不是产品智能。对于后台办公系统（BI），我们不希望产品系统与这些系统的扩展能力挂钩。采用异步方法向这些业务系统传输数据。

我们经常告诉客户避免将存储过程放入关系数据库中。他们首先提的问题之一通常是“你为什么如此讨厌存储过程？”实际上，我们并不是不喜欢存储过程。事实是在很多场合下使用它的效果很好。问题是存储过程在解决方案中经常被滥用，这有时会成为系统扩展的瓶颈。如果不妥善解决，它会造成系统无法有效扩展，并且几乎总要付出极高代价去扩展系统。既然强调数据库，为什么我们不把这条规则放在数据库有关的章节呢？我们担忧存储过程的真正原因是需要把商务智能和产品智能从交易处理当中分离。总的来说，这个概念可以进一步抽象成“为了获得最高的可用性、可扩展性和最优惠价格，将类似的事务放在一起（或者将不相似的事务分开）。”作为原则，这句话太长了，所以让我们先回到对存储过程和数据库问题的讨论，以它为例说明为什么应该进行这种分离。

数据库往往是架构中最昂贵的系统或服务之一。即便使用开源数据库，在大多数情况下，数据库服务器会连接到较昂贵的存储系统上（与其他系统相比），同时它们也具有最快、最多的处理器和最大的内存。在成熟环境中，通常这些服务器仅配置成做好一件事，那就是执行关系操作，并将事务记录以最快速度提交给稳定的存储引擎。在产品架构中，这些服务器每个计算周期的价格往往高于其他服务所使用的服务器（例如，应用服务器或 Web 服务器）。这些系统往往也是某些服务的汇集点和泳道定义的结点。在最极端的情况下，例如产品的初期，实质上它们可能是集成的，从而成为环境扩展的关键点。

在数据库里使用存储过程和商业逻辑，也会使将来数据库的替换更具挑战性。如果你决定换成一个开源数据库或 NoSQL 解决方案，需要制定一个迁移计划将存储过程或商业逻辑转移到应用中。尽管可使用已有现成的工具帮助迁移存储过程，但如果你根本就不必要应付这种迁移，那转换到另一种数据库会变得更加容易。

鉴于上述原因，使用昂贵的计算资源处理商业逻辑几乎毫无意义。因为系统运作成本更高，每个事务的成本也更高。该系统可能也是扩展的关键点，那为什么要浪费资源去运行这些非关系事务呢？基于所有这些原因，我们应该将这些系统的处理范围限于数据库（或存储相关的数据库或者 NoSQL）事务，让系统做自己最擅长的事情。这样做，既可以提高可扩展性同时也可以降低扩展的成本。

存储过程也是产品开发过程中的一个关注点。许多公司正在试图将测试完全自动化，以缩短产品上市时间并且降低质量保障成本。这些公司所采取的方法非常接地气，从单元测试开始，以完全自动化的回归测试套件结束。最先进公司在集成环境中不间断地运行所有这一切，单元测试、系统测试和回归测试（因此称为持续集成）。但在许多情况下，测试存储过程不像测试人工编写的其他代码那么容易。因此，它可能成为公司通过实施持续集成和持续部署成就一流产品研发周期的障碍。

用数据库做个比喻，我们可以把这种对不同服务的隔离，应用到架构的其他部分。我们很可能拥有后台办公系统，如电子邮件发送和接收（与平台无关）、总账和其他会计活动、营销细分、客户支持业务等任务。对这些情况，我们可能经不起诱惑而简单地将它们绑在平台上。也许我们想要把电子商务系统中的购买交易即时显示在首席财务官的 ERP 系统上。也许想要把它立即提供给客户支持代表，以防万一出现错误交易。同样，如果我们正在经营广告平台，我们可能想要实时地分析来自数据仓库的数据，为商品广告提供更好的建议。可能有很多原因促使我们想要把与业务、流程相关的系统与产品平台混合在一起。答案很简单：不要这样做。

理想情况下，我们希望这些系统依照它们各自的需求独立扩展。当这些系统捆绑在一起时，需求和被需求的系统要按照相同的速度扩展。在某些情况下，就像执行业务逻辑的数据库一样，系统扩展可能更加昂贵。把许可证和运行所需 CPU 相关联的 ERP 系统通常是这种情况。对于每个事务都要同步调用 ERP 系统，会增加系统扩展的成本，为什么要这样做？更有甚者，如在规则 38（见第 9 章）中提到的，为什么要串联另一个系统来降低产品平台的可用性？

正如产品智能不应该放在数据库中，商务智能不应该与产品交易绑定。在很多情况下，我们需要把这些数据驻留在产品中，在这些情况下，就应该让它们驻留在产品中。我们可以从其他系统中选择数据集并适当地在展示在产品中。通常这个数据最好以新的或不同的形式表示，有时是不同的常规形式。我们经常需要将数据从产品移回业务系统中，例如客户支持系统、营销系统、数据仓库和ERP 系统。在这些情况下，我们也可能想要汇总或以不同的形式展示数据。此外，为了提高可用性，我们希望异步地将这些数据在系统之间移动。ETL 系统广泛用于这种目的，你甚至可以使用开源工具来构建自己的 ETL 过程。

请记住，异步并不意味着数据“老”或“旧”。例如，可以选择时间间隔很短的数据元素，将它们在系统之间移动。此外，也总是可以通过某种消息总线把数据传递给其他系统。成本最低的方法是批量提取，但是如果由于时间约束而不允许采用这种经济有效的移动方法，那么消息总线绝对是适当的方案。只是要记得要重新阅读第 11 章中关于消息总线和异步事务的规则。

最后，通过将产品智能和商务智能从平台中分离，也可以将研发和支持这些系统的团队分离。如果产品研发团队需要了解他们的变化会如何影响所有相关的商务智能系统，那将会放慢他们创新的步伐，因为这样显著扩大了实施和测试产品更新与改善的范围。

规则 31——注意昂贵的关系

内容： 注意数据模型中的关系。

场景： 当设计数据模型、添加表/列、写查询语句或从长计议考虑实体之间的关系会如何影响效率和可扩展性。

用法： 当设计数据模型时，考虑数据库分离和未来可能的数据需求。

原因： 实施之后再修复破损数据模型的费用是在设计过程中修复的100倍。

要点： 超前考虑，仔细计划数据模型。设计范式时，考虑将来如何拆分数据库和应用系统可能的数据需求。

每个人都在努力建立平衡关系。在理想情况下，放入关系里的和从其中得到的大致上相同。当个人关系向其中一方倾斜时，另一方可能会不高兴，重新衡量或者结束关系。尽管本书不是关于个人关系的，但存在于个人关系中的成本效益平衡同样适用于数据库关系。

数据库关系由数据模型决定，数据模型捕捉数据的基数和参照完整性规则的。要理解它是如何发生的以及为什么重要，我们需要了解建立数据模型的基本步骤。实际上，数据模型将会产生用于建立承载数据的物理结构（就是表和列）的数据定义语句（DDL）。虽然在这个过程中有各种类型的变异，但是建立关系模型的第一步通常是定义实体。

实体是可以独立存在的任何事物，如物理对象、事件或概念。实体之间可以相互关联，实体和关系两者都可以有描述它们的属性。以普通语法概念类比，实体是名词，关系是动词，属性是修饰性形容词或副词。

实体是事物的单个实例，如客户的购买订单，它可能有订单ID和总价值等属性。将相同类型的实体分成一组将产生一个实体集。在数据库里，实体等同于表中的行，实体集就是表。表的主键用来描述实体的唯一属性。主键通过唯一标识实体实例来强制实体的完整性。外键用来描述实体之间关系的唯一属性。外键通过关联不同实体集的两个实体来强制引用完整性。最常用的描述实体、关系和属性的图叫实体关系图（ERD）。它表明实体集之间的关系：一对一、一对多或者多对多。

定义和映射了实体、关系和属性之后，数据模型设计的最后一步就是考虑标准化。规范化数据模型的主要目的是，确保数据存储能以一种方式操作，允许插入、更新、查询和删除（CRUD又称为：创建、读取、更新、删除），保持数据的完整性。非规范化数据模型具有高度的数据冗余，这意味着数据完整性问题的风险更大。范式建立在彼此的基础上，这意味着数据库要满足第二范式的要求，它首先必须满足第一范式的要求。以下列出最常见的范式。如果数据库支持至少第三范式，那么它是标准化的。

范式

以下是数据库中最常用的范式。每个范式都意味着它必须满足其下的所有范式。一般来说，如果一个数据库支持第三范式，它就称为标准范式。

- **第一范式：**由科德最早定义[1]，表应该代表一种关系且没有重复组。科德对“关系”有相当明确的定义，“重复组”的含义是有争议的。争议点在于是否允许表中存在其他的表和是否允许空字段。最重要的概念是创建键的能力。

- **第二范式：**非键字段不能仅由组合键中的某一个键来描述。
- **第三范式：**所有非键字段必须由键来描述。
- **博伊斯－科德范式：**每个决定因素是一个候选键。
- **第四范式：**记录类型不应该包含两个或两个以上的多值事实。
- **第五范式：**表中每个重要的连接依赖都由候选键说明。
- **第六范式：**不存在非平凡的连接依赖。

前三个范式的简单记法是“1——键值，2——整个键值，3——没有其他只有键值。”

现在你可能已经明白了，实体之间的关系显著影响如何有效地存储、检索和更新数据。它们在可扩展性方面也发挥了很大的作用，因为这些关系确定我们如何拆分数据库。如果我们试图通过分离订单确认服务，对数据库进行Y轴拆分，就可能会有问题，因为订单实体与其他实体之间有着千丝万缕的联系。在成为既定事实之后，去试图解开这个关系网是很困难的。当需要拆分数据库，在设计阶段花时间是值得的，这会节省你10倍或100倍的努力。

对于可扩展性很重要的数据关系的最后一个方面，就是如何在查询语句中连接表。当然，这在很大程度上取决于数据模型，但也取决于报表创建、构建新应用页面等的研发人员。我们不想在此阐述关于查询优化的细节，但可以肯定地说，在将新查询代码发布到生产环境之前，应该由有经验的、熟悉数据模型的DBA走查，并且应该分析新查询代码的性能特点。

你可能已经注意到，在希望通过规范化增加数据完整性与数据库中必须使用关系的程度之间存在一种关系。当我们专门为存储重复值之类的数据创建表时，规范的程度越高，潜在关系的数量就越多。多年以前在数据库设计中的定律（规范化程度越高越好），如今在海量事务处理系统设计中被看作一种折中。这种折中类似于风险与成本之间、成本与质量之间、时间与成本之间的折中。具体而言，一方的减少通常意味着另一方的增加。通常要增加可扩展性，我们希望降低规范程度。记得第 4 章讨论的，当需要可扩展性并且 ACID 属性对产品不是必不可少时，NoSQL 解决方案可能是合适的。

当 SQL 查询由于连接表的需求而性能不佳时，有几个备选方案。首先是要调整查询语句。如果行不通，下一个选择是创建视图、物化视图，汇总表等，这些可以对连接表进行预处理。另一种选择是不要在查询语句中连接，而是将数据集传回到应用中，并让应用在内存中进行连接。这比较复杂，往往也是最难扩展的部分，把连接处理从数据库移到应用服务器上，以便比较容易地在更多的商用硬件上扩展。最后的选择是拒绝实现业务需求。通常情况下，业务合作伙伴会拿出不同的解决方案，按照其方案所请求的报告需要增加 10% 的硬件，如果删除一列数据，就可能使报告的复杂性大大降低，但在业务价值上和没有删除相当。

规则 32——正确使用数据库锁

内容： 理解如何使用明锁和监控暗锁。

场景： 每次采用关系数据库作为解决方案时。

用法： 在代码审查时注意明锁。监控数据库暗锁，并在必要时进行明确调整以保证适度的吞吐量。选择允许锁类型和粒度灵活性的数据库与存储引擎。

原因： 最大化数据库的并发性和吞吐量。

要点： 理解锁类型并且管理其使用情况，以使数据库吞吐量和并发性最大化。改变锁类型，以便更好地使用数据库，并在成长中拆分数据结构或数据库。确保选择允许多种锁类型和粒度的数据库，以达到最大的并发性。

锁是数据库中必不可少的组成部分，数据库通过锁确保ACID中的一致性和原子性，同时允许用户并发。但有许多种不同类型的数据库锁，甚至不同的实现方法。表8-2概述了由许多不同的开源和第三方专有的数据库管理系统支持的不同类型锁。并非所有数据库都支持所有这些锁，而且锁类型可以混合。例如行锁既可以是明确的也可以是隐含的。

表8-2 锁的类型

锁的类型	描　述
暗锁	暗锁是由数据库代表用户在执行某些事务处理时生成的锁。一般都在必要时为某些DML（数据操纵语言）任务而产生
明锁	明锁是由数据库用户在其与数据库内部实体交互过程中定义的
行锁	行锁会锁定数据库表中正在进行更新、读取或创建的行
页锁	页级锁会锁定正在更新的一行或一组行所属的整个页面
区间锁	这种锁通常会锁定页面组。当向数据库添加空间时，区间锁会常用到
表锁	锁定整个表（数据库中的实体）
数据库锁	锁定数据库中所有实体和关系

如果研究数据库锁，你会发现还有许多其他类型的锁。根据数据库类型，键锁和索引锁会锁定表上的索引。你可能还会找到关于列锁的讨论，就是某些表中某些行的某些列被锁定。据我们所知，就算有数据库实际上支持这种类型的锁，数量也是很少的即使支持，在行业内也不常使用。

为了保持隔离性和一致性，锁对于数据库操作来说至关重要，但显然它十分昂贵。通常情况下，数据库允许数据读取同时发生，而在执行写（更新或插入）操作的过程中，阻止所有的读取。读取可能会非常快，并且许多读操作可以同时发生，而写操作通常在隔离状态下进行。写操作的粒度越精细，比如一行，在数据库甚至表中，会有越多的写操作发生。增加被写入或更新对象的粒度，例如一次更新多行，可能需要升级到更高的锁类型。

所使用的锁的大小或粒度最终会影响事务的吞吐量。与获取一个较大范围的页锁、区间锁或表锁相比，在数据库中一次更新多行时，获取多行锁的成本以及这些行的竞争可能会导致每秒事务处理量的减少。但是如果锁的范围太大，例如当仅仅更新几行时获取页锁，那么在锁的过程中事务吞吐量就会减少。

通常，数据库的组件（通常在很多数据库中称为优化器）决定被锁定元素的多寡，在保证一致性和隔离性的同时，达到最大程度的并发性。在大多数情况下，最初让优化器决定什么应该被锁是最好的行动方针。数据库的这个组件比你更了解操作时什么可能更新。但是，这些系统也会犯错误，关键是我们要在生产环境中监控数据库并用从实际发生的问题中所学到的经验，去改变 DML 从而使其更有效。

大多数数据库允许收集性能统计数据，使我们能够了解处理事务前要等待的最常见的锁定条件和最常见的事件。通过分析这些历史信息，并通过积极监控生产环境中的这些事件，我们可以发现优化器错误地选择锁类型并强制数据库使用不适当类型的锁。例如，如果通过分析，我们确定数据库坚持一贯地使用表锁去锁定某个特定的表，而我们相信使用低级的行锁会获得更大的并发性，我们可能会因此强制实行这种改变。

也许与分析造成瓶颈的原因一样重要，我们应该采用什么类型的锁，取决于它是否可以改变实体的关系，以减少竞争并增加并发性。当然，这使我们回到第2章讨论过的概念。例如，我们可以将读操作拆分到数据库的多个副本上，并强制写操作写入单一副本，正如X轴扩展（规则7）。或者，我们可以部分地根据竞争情况，将表拆分到多个数据库，正如Y轴的扩展（规则8）。或者我们可以将某些客户的特定数据存入多张表，以这种方式来减少表的大小，从而将竞争分散到这些实体中（规则9）。

最后，在使用数据库协助我们工作时，应该尽量确保选择最佳解决方案。正如我们多次提到的，我们相信你可以使用几乎任何一套技术，来扩展几乎任何产品或服务。也就是说，我们所做出的大多数决定都会影响我们所经营产品的成本或研发时间。例如，一些数据库存储引擎的解决方案限制了在数据库中可以使用的锁类型，因此限制了我们调整数据库以达到最大化并发事务的能力。MySQL是一个典型的例子，存储引擎（如MyISAM）的选择会局限于表级别的锁，因此可能会限制事务吞吐量。当使用像MySQL和MyISAM存储引擎之类的技术时，应该考虑采用X轴、Y轴和

Z 轴拆分的方法来实现可扩展性。

规则 33——禁用分阶段提交

> **内容：** 不要使用分阶段提交协议来存储或处理事务。
>
> **场景：** 总是传递或从不使用分阶段提交。
>
> **用法：** 不用；采用 Y 轴或 Z 轴拆分数据存储和处理系统。
>
> **原因：** 分阶段提交是一个阻塞协议，它不允许其他事务处理直至其完成。
>
> **要点：** 不要使用分阶段提交协议作为延长单体数据库生命的简单方法。这可能不利于扩展甚至会导致系统更早消亡。

分阶段提交协议包括广受欢迎的两阶段提交（2PC）和三阶段提交（3PC），它是专门的共识协议。这些协议的目的是协调参与分布式的原子事务处理，确定是否提交或中止事务（回滚）[2]。由于这些算法具有处理全系统的网络或进程故障的能力，因此它们通常被视为分布式数据存储或处理的解决方案。

2PC 的基本算法分为两个阶段。第一阶段（投票阶段）是主存储或协调员向全部成员或其他存储设备发出“提交请求”。所有成员把事务处理到可提交的程度，然后告知它们可以提交或投“是”票。从而开始第二阶段（或完成阶段），其中主数据库发送提交信号给所有成员开始提交数据。如果任何成员在提交过程中失败，那么就会向所有成员发出回滚信号，事务处理即被放弃。图 8-1 显示了该协议的示例。

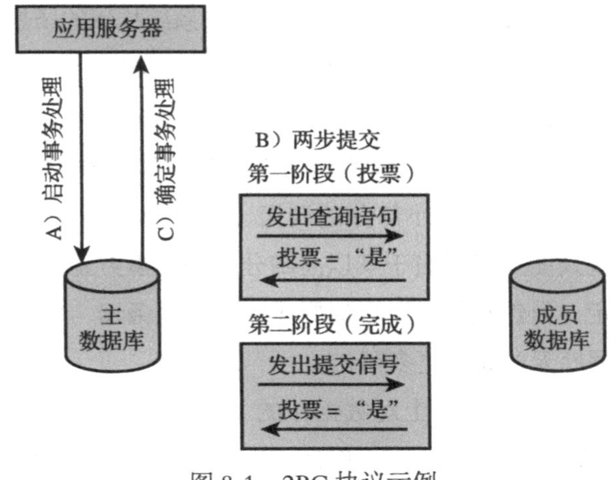

图 8-1 2PC 协议示例

到目前为止，该协议可能听起来不错，因为它在分布式数据库环境中提供了事务的原子性。先别下结论。在图 8-1 中的示例中，注意，应用服务器启动了事务，亦即步骤 A。然后所有的 2PC 步骤开始发生并完成，亦即步骤 B，主数据库可以向应用服务器告知事务处理确实完成，亦即步骤 C。应用服务器的线程在此期间一直等待 SQL 语句和数据库确认事务处理完成。这是个典型的示例，几乎适用于任何消费者在网上购买、注册或竞价的事务处理过程，你可以尝试对其实施 2PC。但是，锁定应用服务器那么久会有可怕的后果。虽然你可能会想，要么应用服务器有很大的容量，要么以相当低的成本扩展，因为它们是商用硬件，但是锁定也发生在数据库上。因为对所有行数据进行提交——假设您具有行级锁定功能，因为锁块级别更糟糕——所有这些行都被锁定，直到全部的提交警报解除为止。此外，如果协调员永久失效，一些成员将永远无法完成事务处理，一直被锁在那里。你可以想象会有多少可以造成昂贵系统故障的场景存在。

正如本章前面提到的，我们已经大规模实施了（或者更准确地说未能实施）2PC协议，结果是灾难性的，完全是由于该方法的锁定和等待性质。在2PC协议实施之前，数据库每秒钟可以处理数千次的读和写。在对一小部分的调用（小于2%）引入2PC协议之后，在系统只能处理相当于其以前四分之一的事务量之前，该网站彻底被锁定。虽然我们可以添加更多的应用服务器，但由于数据被锁定，数据库无法处理更多语句。

尽管2PC协议实际上对数据库的Y轴或Z轴拆分似乎是个不错的选择（规则8和规则9），但请三思而后行。以更加智慧的方式整合分散（或分离）的数据库表，而不是试图用多阶段提交协议来延长单体数据库的寿命。

规则34——慎用Select for Update

内容： 定义游标时，SELECT语句中尽量少用FOR UPDATE子句。

场景： 总是。

用法： 审查游标开发并质疑每一个SELECT FOR UPDATE的使用。

原因： 使用FOR UPDATE会导致行锁定，可能减缓事务处理速度。

要点： 游标使用得体时，它是功能强大的结构，在加快事务处理方面，它确实可以使程序更快、更容易。但FOR

UPDATE游标可能导致长时间占有锁，而且减缓事务完成时间。参考数据库文档，确定否需要使用FOR READ ONLY以减少锁定。

当利用得当时，游标是强大的数据库控制结构，它允许在游标查询（或操作）所定义的某些结果集中遍历和处理。当计划定义一些数据集并以迭代方式“遍历游标”或处理数据集中的行时，游标是有用的。数据集内的数据可以更新、删除或修改，或者为了其他的加工处理而简单地读取和审查。游标真正的用途是编程语言的能力延伸，因为许多面向程序和面向对象的编程语言没有在关系数据库中管理数据集的内置功能。在非常繁忙的事务处理系统中，可能麻烦的方法是SELECT游标中的FOR UPDATE子句，因为通常情况下我们不能控制游标的生命周期。由此产生的锁定记录可能会造成产品运行缓慢，甚至接近死锁。

在许多数据库中，当打开具有FOR UPDATE子句的游标时，被语句选定的行在会话期间会锁定，直到发出提交或回滚的命令。COMMIT语句保存更改，ROLLBACK语句取消更改。随着语句的发出，数据库中被锁定的行被释放。此外，在发出提交或回滚命令之后，你失去了在游标中的位置，无法在游标中执行任何提取数据的操作。

现在暂停一下，让我们回想规则32和数据库锁的讨论。你能发现“SELECT FOR UPDATE”游标至少两个潜在的问题吗？第一个问题是在执行操作时，游标在数据库中锁定某些行。诚然，在许多情况下这可能是有用的，在少数情况下，它可能是不可避免的，或者是最佳方案。但是当执行一些操作时，这些锁可能会阻碍其他的事务处理，或者使其处于等待状态。如果这些操作复杂或需要运行一些时间，可能会堆积大量未处理的交易。如果其他的事务处理也恰巧是期待执行“SELECT FOR UPDATE”的游标，我们可能创建了一个等待队列，这些事务将不会在用户可以接受的时间段内完成。在一个网络环境中，也许随后的请求会更快地完成，在这种观念的支配下，心急的用户在等待缓慢响应的请求时，可能会提交额外请求。结果连环故障带来灾难；因为待处理请求堆积在数据库上，并最终导致 Web 服务器填满 TCP 端口而停止响应用户的请求，结果系统停止运行。

第二个问题是第一个问题的翻版，在之前已暗示过。后来的游标希望锁定一些目前已锁定的行，前一种游标只能等待，直到其他的锁已清除。请注意，这些锁不一定由其他游标放置；它们可以是用户放置的明锁或 RDBMS 放置的暗锁。在数据库内使用的锁越多（有些即使可能是必要的），事务被堵塞的可能性越大。对频繁请求的数据来说，超长时间的锁会导致缓慢的响应时间。一些数据库（如 Oracle）包括可选的关键字 NOWAIT，它可以将控制释放回进程去执行其他工作，或在试图重新获得锁之前等待。但如果对于某些同步的用户请求必须处理游标，那么对用户来说最终结果是一样的：客户端请求的漫长等待。

请注意，在有些数据库中，“FOR UPDATE”为游标的默认值。事实上，美国国家标准协会（ANSI）的 SQL 标准指出任何游标应该把 FOR UPDATE 作为默认值，除非它在 DECLARE 语句中包含了 FOR READ ONLY 子句。研发人员和 DBA 应参考数据库文档来确定如何研发具有最小锁定范围的游标。

规则 35——避免选择所有列

内容： 不要在查询中使用 Select*。

场景： 始终使用这个规则（或者换句话说，永远不要选择所有的列）。

用法： 始终在查询语句中声明你要选择或插入数据的列。

原因： 当表结构发生变化时，查询语句中选择的所有列容易产生故障，从而传送不必要的数据。

要点： 在选择或插入数据时不要使用通配符。

这是一个非常简单和直接的规则。对大多数人来说，第一个学会的 SQL 是

```
Select * from table_name_blah;
```

当它返回了一堆数据时，我们很兴奋。但是，我们的一些开发人员从来没有超越这一点或者还倒退了好多年。选择所有的列既快又简单，但绝对不是好主意。我们要阐述几个问题，但请记住，这种选择未命名数据的心态可以从另一个 DML 语句 Insert 中看到。

Select* 有两个主要问题。首先是数据映射的可能性，其次是不必要的数据传输。当执行一个读查询时，我们通常期望显示或操作数据，为此要将数据映射到某些类型的变量上。下面的代码例子中有两个函数 bad_qry_data 和 good_qry_data。顾名思义，bad_qry_data 是一个将查询映射到数组的反面例子，good_qry_data 是一个实现同样功能的好方法。在这两个函数中，我们从表 bestpostpage 中读取数据，然后映射到一个二维数组中。因为我们知道表中有 4

列，所以我们可能会觉得使用 bad_qry_data 函数是安全的。问题是，当另一个开发人员需要在表中添加新列时，可能发出下面这样的命令：

```
ALTER TABLE bestpostpage ADD remote_host varchar(25) AFTER id;
```

结果是映射的列 1 不再是 remote_ip 而是 remote_host。一个更好的方法是声明所有的变量，它们与读取的所有列一一对应，在映射时用名字识别。

```
function bad_qry_data() {
[em]$sql = "SELECT * "
[em][em]. "FROM bestpostpage ".
[em]"ORDER BY insert_date DESC LIMIT 100";
[em]$qry_results = exec_qry($sql);
[em]$i = 0;
[em]while($row = mysql_fetch_array($qry_results)) {
[em][em]$ResArr[$i]["id"] = $row[0];
[em][em]$ResArr[$i]["remote_ip"] = $row[1];
[em][em]$ResArr[$i]["post_data"] = $row[2];
[em][em]$ResArr[$i]["insert_date"] = $row[3];
[em][em]$i++;
[em]} // while
[em]return $ResArr;
} //function qry_data

function good_qry_data() {
[em]$sql = "SELECT id, remote_ip, post_data, insert_date "
[em][em]. "FROM bestpostpage "
[em][em]. "ORDER BY insert_date DESC LIMIT 100";
[em]$qry_results = exec_qry($sql);
[em]$i = 0;
[em]while($row = mysql_fetch_assoc($qry_results)) {
[em][em]$ResArr[$i]["id"] = $row["id"];
[em][em]$ResArr[$i]["remote_ip"] = $row["remote_ip"];
[em][em]$ResArr[$i]["post_data"] = $row["post_data"];
[em][em]$ResArr[$i]["insert_date"] = $row["insert_date"];
[em]$i++;
[em]} // while
[em]return $ResArr;
} //function qry_data
```

Select* 的第二个大问题是，通常不需要所有列中的所有数据。

虽然额外列的实际查找不消耗资源，但是当对不同的用户请求该查询每分钟执行几十甚至几百次时，所有额外的数据从数据库服务器转移到应用服务器，这加起来数量可能会相当惊人。

如果认为这是备受非议的Select语句的全部细节，Insert可能陷入与未指定列完全相同的困境。只要表中列的数目与输入的值的数目匹配，下面的SQL语句就完全有效。当将一个新列添加到表中时，将会出现问题。这会导致系统出问题，但应该在测试早期发现。

```
INSERT INTO bestpostpage VALUES (1, '10.97.23.45', 'test
data', '2010-11-19 11:15:00');
```

插入数据一个更好的方法是使用如下所示的实际列名：

```
INSERT INTO bestpostpage (id, remote_ip, post_data,
insert_date) VALUES (1, '10.97.23.45', 'test data',
'2010-11-19 11:15:00');
```

作为最佳实践，不要养成使用Select或Insert而不指定列名的习惯。除了浪费资源、可能出问题或甚至可能损坏数据外，这还会阻止回滚。正如第7章的规则29中讨论的，构建具有回滚能力的系统对于可扩展性和可用性至关重要。

总结

本章讨论了有助于数据库扩展的规则。理想情况下，我们希望避免使用关系数据库，因为与系统的其他部分相比，它们更难扩展，但有时使用数据库是不可避免的。鉴于数据库往往是应用中最难扩展的部分，要特别重视这些规则。将本章展示的规则与其他章

（如第2章）的规则相结合，你应该有一个强大的行为准则来确保数据库可以扩展。

注释

1. E. F. Codd, "A Relationship Model of Data for Large Shared Data Banks," 1970, www.seas.upenn.edu/~zives/03f/cis550/codd.pdf.
2. Wikipedia, " Two-Phase Commit Protocol, " http://en.wikipedia.org/wiki/Two-phase_commit_protocol.

第9章　有备无患

你可能听说过英国《卫报》。有可能从诸如爱德华·斯诺登泄密事件或者2011年与罗伯特·默多克的国际新闻相关的电话窃听丑闻中听说过它。你所不知道的是它的在线和技术团队获得过数个奖项，被许多圈子视为英国最好的产品团队。

卫报新闻和媒体隶属于卫报媒体集团，苏格兰基金有限公司全资控股卫报媒体集团。该集团的核心目标之一是确保在线读者量大幅度增长。为了成功地实现目标，团队认为需要构建一个超级的在线媒体分发平台。

近距离接近《卫报》（直到2015年年中）前首席数字官坦尼娅·科德里、技术总监格兰特·克洛普、数据技术总监格雷厄姆·塔克利和卫报产品技术管理团队的成员。我们访谈了格兰特，请他讲了关于《卫报》的故事。

2008年的情况有些奇怪，《卫报》运营在一套企业级软件系统上，这套复杂的代码又分成数个服务，这些服务与一个单体数据库耦合在一起。系统运行了相当长的一段时间并且平安无事，但是随着互联网的增长，你永远都不知道未来会发生什么事情。如果我们推出一篇确实重磅的文章，流量就可能达到一天内以前峰值的一倍以上。问题是当有些部分出现问题时，所有的其他部分都开始出故障。这好像整个产品共享一个巨大的熔丝——当熔丝熔断时，整个系统都会因此失败。

格兰特继续说，“理解线上策略对我们的成功多么关键非常重要。报纸的发行量——这里指的是印刷的报纸——在很长的一段时间内一直在持续下降。我们不得不用线上阅读量来弥补。无法做到这一点意味着不能达成《卫报》确保新闻永久独立的目标。我们必须做好。但是在 2008 年，系统的表现没有那么好。网站流量大时绝对能摧毁一切。此外，软件或硬件上的小故障也可能会带来类似的结果。整个网站都共享一根熔丝。

“坦尼娅·科德里向其 eBay 的前同事们求助，作为增长咨询公司 AKF Partners 公司，他们现在帮助那些需要这方面指导的客户。在 AKF 的帮助下，我们开始重新设计网站，增加故障隔离区或泳道。基本上，相当于把熔丝盒中的单根熔丝变成了多根。在任何时候，如果网站的一部分出现问题，只有那个部分会出故障。这种故障隔离办法让软件和数据库子系统部署在独立的泳道里，每个泳道都完全独立于其他的泳道。网站的不同内容区域由不同的泳道提供服务。如果一个泳道失败，比如天气版面，我们可以继续提供时效性强的新闻。更近一步，我们可以在每个不同泳道的可用性方面投入不同的时间和精力。像新闻之类的泳道可以有比其他重要性低的（如天气）泳道显著不同的冗余解决方案。在过去的解决方案中，每个部分都有同样的可用性以及相同的成本；现在我们可以让新闻有更高的可用性而不必大幅度提高成本。

格兰特继续说道，“结果近乎完美。回想2008年，你会看到责任编辑总在关注网站是否能应对大流量新闻。而今，刚刚有1400万唯一的读者阅读了2015年11月恐怖分子袭击巴黎的报道。现在的责任编辑再也不顾虑在线系统，他们知道该系统有这个能力。”

“受到这种关注的并不仅仅是网站。当在互联网上使用一款产品时，要依靠一定数量的工具以及独特的基础设施。”格兰特总结说，“现在，我们把相同的概念应用到监控和代码发布等地方。每个关键业务都应该有自己的泳道，这样某个工具的故障就不会导致其他工具和监控的故障”。

对故障隔离和故障控制的需求并不局限于格兰特与《卫报》。根据我们的经验，大多数的技术团队都非常擅长，并且非常专注于交付能正常工作的系统。此外，大多数工程师都明白不可能研发出完美无缺的解决方案，因此，不可能构建永远不会故障的系统。即使考虑到了这一点，几乎没有工程师愿意花费大量时间来勾勒和圈定任何给定故障的“爆炸半径”。

如果一个系统处在令人难以置信的高负荷下，比如说需求高峰期，即使是某些功能的小故障都会堵塞事务处理，从而拖垮整个产品。

在我们的业务中，可用性和可扩展性具有同等重要性。可用性不高的产品确实不需要扩展，当需求来临时不能扩展的网站也不会是高可用的。因为系统故障无法避免，所以我们不得不花时间来控制故障对系统的影响。本章提供了几种限制故障影响的方法，总之，减少故障的频率，提高产品的整体可用性。

规则 36——用“泳道”隔离故障

内容：在设计中实现故障隔离区或泳道。

场景：为可扩展性开始拆分持久层（例如数据库）或服务时。

用法：沿 Y 或 Z 轴拆分持久层和服务，禁止故障隔离的服务和数据间同步通信或访问。

原因：提高可用性和可扩展性。减少发现和解决故障的时间。缩短上市时间和成本。

要点：故障隔离包括根除故障隔离域间的同步请求，限制异步调用和处理同步调用失败，以及避免泳道之间的服务和数据共享。

在拆分服务和数据方面的术语丰富而混乱，而且有时候相互矛盾。不同组织经常使用一些词，如豆荚（pod）、池（pool）、集群（cluster）和分片（shard）。在同一组织内这些术语经常交替使用加剧了这种困惑。在某个场景，团队可以使用分片来确定服务和数据的分组，而在另一场景下，它仅意味着在数据库中分割数据。鉴于现有术语的混淆和差异，在实践中我们创造了泳道一词，尝试打造故障隔离的重要概念。一些客户开始采用这个词来表示为实现故障隔离而在生产中按照服务或客户拆分，它最重要的贡献是在设计领域。表 9-1 是常用术语的列表，它包括对这些术语最普通的描述以及何时及如何在实践中交替使用的说明。

表 9-1　拆分的类型

拆分名称	描　　述
豆荚	豆荚是包括应用服务器、持久存储（如数据库或其他持久或共享的文件系统），或者两者兼而有之。豆荚是沿 Z 轴最常见的拆分，就像把客户数据拆分到不同的豆荚中。豆荚有时和泳道混用。它也一直和池的概念交替使用，用于指网络或者应用服务
集群	集群有时用来指以同一模式像池一样配置的网络和应用服务器。在这种情况下，集群是指类似功能或目的的 X 轴扩展，在这样的配置下，所有的节点或者参与者都是活跃的。通常集群共享某种高于和超出池的分布式状态，但这种状态在大事务量下可能会导致可扩展性瓶颈。集群也可以配置成主动 / 被动模式，其中一个或多个设备处于被动状态，在其他设备出故障时，可以升级成为“主动”节点
池	池是按类似功能分组或可能按客户分组的服务器。该术语通常指前端服务器，但有些公司指的是具有某些特性的数据库服务池。池指的是先按照功能（Y 轴）或客户（Z 轴）划界，然后对服务器进行典型的 X 轴复制（克隆）
分片	分片是对数据库或搜索引擎进行水平分区。水平分区意味着跨数据库的表、数据库实例或物理数据库服务器进行数据拆分。分片通常沿 Z 轴扩展（例如在客户之间分片），但有些公司是指按照功能（Y 轴）分区
泳道	泳道是用来标识故障隔离域的术语。不允许跨越泳道边界进行同步调用。换言之，泳道围绕一组同步调用定义。游道内一个组件发生故障不会影响到其他泳道内的组件。因此，共享组件不能跨越泳道。泳道是发生同步调用的最小边界

在我们看来，这些术语中最重要的区别是大多数都集中在分工或事务上，但只有一个聚焦在控制故障传播上。而池、分片、集群和豆荚指的是如何在生产环境中实施或如何拆分或扩展客户或者服务，游道是围绕设立故障隔离域提出的架构概念。故障隔离域是这样的一个域，当物理或逻辑服务因故障无法正常工作时，无论该故障是响应缓慢还是根本无法响应，唯一受到影响的是那些在故障域中的服务。泳道通过故障域把分片和豆荚的概念拓展到了服务的

前门——数据中心的入口。在极端情况下，它意味着按照功能提供独立的网络、应用和数据库服务器（或叫故障隔离区）。在本质上，泳道旨在提高可扩展性和可用性，而不仅仅是一个可以扩展事务处理的机制。

我们借用 CSMA/CD（带有冲突检测的载波侦听多路存取，通常称为以太网）中的概念，其中故障隔离域相当于冲突域。在全双工交换机之前，为了抵消碰撞的影响，以太网段控制碰撞以确保所有连接的系统感觉不到影响。我们觉得用“泳道”这个术语来描述故障隔离是一个非常好的比喻，泳道是在游泳池中设置的隔离线，有助于游泳选手在游泳过程中避免相互干扰。与此类似，不同组别的客户或者功能之间存在隔离带，不允许跨越不同组别进行同步事务处理，有助于确保一条泳道上的故障不会对其他泳道上的用户操作产生不利的影响。

故障隔离泳道的好处已经超越了通过故障隔离提高可用性的想法。因为泳道把客户或者把跨客户共享的功能做了拆分，当出现故障时，可以更快地定位问题来源。从网络服务器到持久层，如果已经对客户沿 Z 轴做了拆分，影响单个客户的唯一故障将会很快被隔离在那条泳道里的那组客户。你会对要找的缺陷或问题（由数据或操作触发）了然于胸，因为对于游道中的客户它是唯一的。如果已经沿 Y 轴进行了拆分，而“购物车”泳道出现了问题，你马上就会知道问题是与构成该泳道的代码、数据库或者服务器相关。事件检测与解决以及问题的定位和解决都明显受益于故障隔离。

故障隔离的其他好处还包括更好的可扩展性、更快的上市时间以及更低的成本。因为我们专注于系统分区，开始考虑水平扩展，所以可扩展性提高。如果通过 Y 轴隔离泳道，那么我们可以把代码库也进行拆分，这样可以更有效地使用工程师，正如在第 2 章中讨论的那样。因此，我们获得到了更大的工程吞吐量，每个单位开发的成本也更低。如果吞吐量越来越大，显然产品推向市场的速度加快。最终所有这些好处使我们能够处理“预期但意外之外的事情”：那些知道迟早会发生但不清楚其后果的事情。换句话说，我们知道事情将要发生，只是不知道会发生什么或何时会发生。故障隔离使我们能够更优雅地处理这些故障。表 9-2 总结了故障隔离（或泳道）的好处。

表 9-2 故障隔离的好处

领域	好处
可用性	根据泳道的架构设计，故障域内的故障不影响其他的服务（Y 轴）或客户（Z 轴），因此可用性提高
事件检测	需要调查的组件或服务较少，事件检测更快。故障隔离有助于发现到底什么失败了
可扩展性	故障隔离服务可以彼此独立增长，实现水平扩展
成本	聚焦和专业化使工程师的吞吐量更高，开发成本降低
上市时间	随着吞吐量的增加，功能的上市时间缩短

讨论了为什么应该为产品建立泳道或设置故障隔离，现在我们把注意力转向更重要的问题，如何实现故障隔离。依靠四条原则来定义和帮助我们设计泳道。第一个原则是泳道之间什么都不共享。通常不包括网络组件，如网络入口的边界路由器和一些核心路由器，但包括为故障隔离服务专用的交换机。经常共享一些其他的设备，诸如非常大的存储区域网络或者小网站中的负载均衡器。在任何可能的场合，而且在特定成本范围内，试着尽量不要共享。永远

不要共享数据库和服务器。因为泳道的部分定义不共享，所以服务器和数据库共享一直是确定泳道边界所在的起始点。鉴于网络设备和存储子系统的成本问题，有时在系统增长的初期可以考虑跨越不同的泳道。

泳道的第二个原则是在泳道之间不进行同步调用。因为同步调用会捆绑服务，所以被调用服务的失败会蔓延到所有其他以同步和阻塞方式调用的系统。因此，这会违反故障隔离的概念，如果部署在一条泳道里的服务失败可能会导致部署在另一条泳道里的服务失败。

第三条原则限制泳道之间的同步调用。比起同步调用，异步调用失败蔓延到其他泳道的机会很小，但仍然有机会降低系统可用性。突然激增的请求可能使某些系统变慢，例如拒绝服务攻击后发布消息。这些消息铺天盖地阻塞队列，开始占满 TCP 端口，如果实施不当甚至导致同步请求的数据库处理停滞。因此，我们试图限制跨越泳道界限的事务处理数量。

泳道的最后一个原则是，当绝对必要时如何实现跨越泳道边界的异步传输。简单地说，每次要跨越泳道进行异步通信时，我们需要对事务处理有“不在乎”的能力。在某些情况下，事务处理可能会超时，可以忽略它。我们可能只是“通知”另一条泳道有些行动，并不在乎是否得到回应。在所有情况下，我们应该实现逻辑以实现在手动自动或两者兼有的基础上“断开”或“关闭”通信。监控人员通过系统监控发现故障（手动开关）应该有能力关闭通信，当情况不好时，系统应该能感知并停止（自动开关）通信。

回想一下本书的前言，还记得里克·达尔泽尔提到过亚马逊吗？亚马逊的第一次拆分是把商店功能从订单履行功能中分离出来。如果由于某种原因，亚马逊店面失败，亚马逊可以继续履行已收到的订单。如果订单履行系统出问题，商店可以继续接收订单并把它们放入队列。显然，两个子系统需要互相通信，但从客户角度来看不是“同步”。工作以履行订单的形式从前端传到后端，以订单状态更新的形式从后端传向前端。这种拆分提供了两个好处，故障隔离和更高水平的可扩展性，因为每个子系统都可以独立扩展。

这些原则总结在表9-3中。

表9-3　故障隔离的原则

原　　则	描　　述
不共享	泳道不共享服务。但可以接受共享一些诸如边界路由器和负载均衡器的网络设备。如有必要，可共享存储区域网络。数据库和服务器永远不应共享
在泳道之间不进行同步调用	不允许跨越泳道边界进行同步调用。换句话说，泳道是不可以进行跨越边界进行同步调用的最小单位
限制泳道之间的异步调用	尽管允许，但应限制泳道间的异步调用。调用越多，故障蔓延的机会就越大
异步调用设置超时和开关控制	异步调用应设置超时，因其他服务失败，必要时可关闭调用，见规则39

在我们希望故障隔离，但需要同步通信或访问另一个数据源的情况下怎么办？前一种情况下，可以复制需要的服务，然后把它配置在泳道里。支付网关就是这种方法的一个例子。如果我们沿着Z轴按客户划分泳道，可能不希望每个客户的泳道为了某个服务（如结账）而同步（阻塞）调用单一的支付网关。我们可以简单地实施N个支付网关，其中N是客户细分度或客户游道的数量。

如果有一些共享信息需要访问每个泳道，如登录凭据，应该怎么办？也许我们已经把认证和登录沿Y轴做了拆分，但我们需要在只读基础上从每个客户（Z 轴）的泳道上取得相关的凭据。我们经常使用数据库的只读副本来满足这样的要求，把只读副本放在每个泳道中。许多数据库天然提供这种复制技术，甚至允许把数据切成小片，这意味着我们不需要在每个泳道中复制 100% 的客户数据。有些客户为了只读目的，把相关的信息缓存在相应泳道的分布式对象缓存中。

我们经常遇到的一个问题是如何在虚拟化服务器世界中实施泳道。虚拟化为故障隔离增加了新的维度——除了物理故障之外的逻辑（或虚拟）维度。如果实现虚拟化主要是为了把较大的机器分解成更小的机器，那么应该继续把物理服务器作为泳道的边界。换句话说，不要把来自于不同泳道的虚拟服务器放在同一物理设备上。然而，我们的一些客户常年有各种不同需求特性的产品，他们依靠虚拟化作为横跨所有产品的弹性容量。在这种情况下，我们试图限制混合在虚拟服务器上的泳道数量。理想情况下，把整个物理服务器用在一个游道上，而不是在该服务器上混合几个泳道。

泳道与虚拟化

当使用虚拟化技术将较大的服务器分割成较小服务器时，尝试沿物理服务器边界保持泳道。在同个物理服务器上混合不同泳道的虚拟服务器抵消了故障隔离泳道的许多好处。

规则 37——拒绝单点故障

内容： 永远不要实施会带有单点故障的设计，一直要消除单点故障。

> **场景：** 在架构审查和新系统设计时。
>
> **用法：** 在架构图上寻找单个实例。尽最大可能配制成主动/主动模式。
>
> **原因：** 通过多实例配置最大化可用性。
>
> **要点：** 努力实施主动/主动而非主动/被动配置。使用负载均衡器在服务的不同实例之间实现流量平衡。对需要单例的情形，可以在主动/被动模式的实例中采用控制服务。

在数学中，单元素集合是只有一个元素{A}的集合。按照编程的说法，单例模式是模拟数学概念的设计模式，把类的实例化限制在只有一个对象。这种设计模式对于资源协调很有用，但经常被研发人员出于便捷的目的而过度使用。在系统架构中，单例模式（或更恰当地说，反模式的单件情况）称为单点故障（SPOF）。这是指系统中仅有一个实例，当它失败时将导致系统范围的事故。

SPOF可以存在于系统的任何地方，包括单个网络服务器或单个网络设备，但最常见的是数据库系统中。原因是数据库往往最难跨越多个节点扩展，因此成为单例。在图9-1中，即使有冗余的登录、搜索和结账服务器，数据库也是SPOF。更糟糕的是，所有的服务池都依赖于那个单个数据库。虽然SPOF不好，但是数据库作为SPOF问题更大，因为如果数据库减慢或崩溃，所有同步调用该数据库的服务池都会遇到问题。

我们有个与客户分享的口头禅："一切皆可能出故障。"这包括服务器、存储系统、网络设备和数据中心。凡能说出来的，都可能出故障，而且可能我们已经看到了这些故障。虽然大多数人认为数据中心永远不会出故障，但这些年我们亲身经历了十多次数据中心的服务中断。这同样适用于高可用的存储区域网络。尽管它明显比旧的 SCSI 磁盘阵列更可靠，但它仍然会出故障。

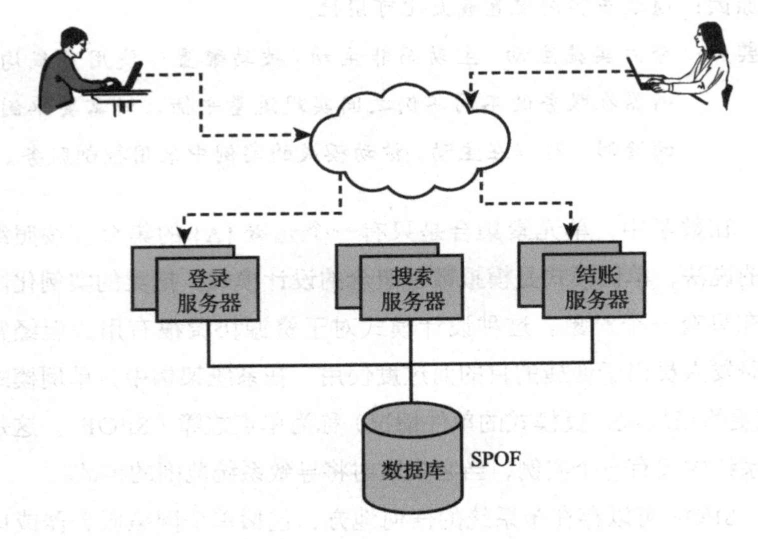

图 9-1　数据库的 SPOF

大多数 SPOF 的解决方案是直接部署一个硬件，通过复制 X 轴刻度所描述的服务确保每个服务至少运行在两个或者多个实例上。但是，这并不总是那么容易。让我们追溯编程步骤的单例模式。虽然不是所有的单例类都会阻止服务在多个服务器上运行，但是有一些实施绝对会避免可怕的后果。举个简化的例子，如果在处理从用户账户扣减资金的代码中有个类，可能会对此实施一个单例，以防止像用户账户余额为负数这样不愉快的事情发生。如果我们将此代码放在两个独立的服务器上，而不实施额外的控制或设置信号量，两个并发的事务有可能会都从用户账户上扣款，从而导致错误或不希望的情况发生。因此，要么修复代码来处理这种情况，要么依靠外部的控制来防止。最理想的解决方案是修复代码，以便在许多不同主机上实施服务，通常我们需要迅速修复代码以解除SPOF。作为本规则最后的重点，我们下一步将讨论一些快速修复的方法。

第一个和最简单的解决方案是采用主动/被动配置。将服务部署在主动服务器上运行，同时也部署在不处理流量的被动服务器上。热/冷配置通常用在数据库上作为去除SPOF的第一步。下一个选择是使用系统中的另一个组件来控制数据访问。如果数据库是SPOF，可以配置成主/从模式，应用可以控制数据访问，由主数据库完成写入/更新，由从数据库完成阅读/选择。除了消除SPOF，引入具有高读写比的只读数据库副本将减少主数据库的负载，并可以利用更经济实用的硬件，如第3章中规则11所讨论的那样。可以解决SPOF问题的最后一种配置是采用负载均衡器。如果网络或应用服务器上的服务是SPOF而且无法在代码中解决，通常可以采用负载均衡器，来解决用户请求只能由服务池中一台服务器来服务的问题。这可以通过设置在用户浏览器中的会话cookie来完成，利用负载均衡器把用户的每次请求重定向到相同的网络或应用服务器上，从而确保状态的一致性。

我们讨论了当无法及时通过修改代码解决SPOF时，几种可以快速实施的解决方案。尽管最佳而且最终的解决方案应该是修复代码，以允许服务的多个实例运行在不同的物理服务器上，但是首先是要尽早消除SPOF。记住，“一切皆可以出故障”，所以当修复

SPOF 的方案失败时，不要感到惊讶。

规则 38——避免系统串联

内容： 减少以串联方式连接的组件数量。

场景： 每次考虑添加组件的时候。

用法： 删除不必要的组件、收起组件或添加多个并行组件以减少影响。

原因： 串联组件受多重失败乘法效应的影响。

要点： 避免向串联系统添加组件。如果有必要这样做，添加多个版本的组件，如果一个出故障，其他组件可以取代它的位置。

电路中的元件有多种连接方式。两种最简单的连接方式是串联和并联。串联电路的元件（可能是电容、电阻或其他元件）沿电路连接。在这种类型的电路中，电流流过每个元件，电阻和电压是在这个基础上产生的。图 9-2 显示了两个电路，一个有三个电阻，一个有三节电池，由此产生电阻和电压。请注意，在此图中，如果有任何元件出故障，如电阻烧掉，就会造成整个电路出故障。

图 9-3 显示了两个并联电路，上面的有三个电阻（和一个电源或电容），下面的有三节电池。在这个电路中，总电阻的倒数等于每个电阻的倒数之和。定义的总电阻必须小于最小电阻。请注意，电压不改变，但电池只贡献了一小部分的电流，这有延长其使用寿命的效果。请注意，在这些电路中，元件的故障不会导致故障整个电路出故障。

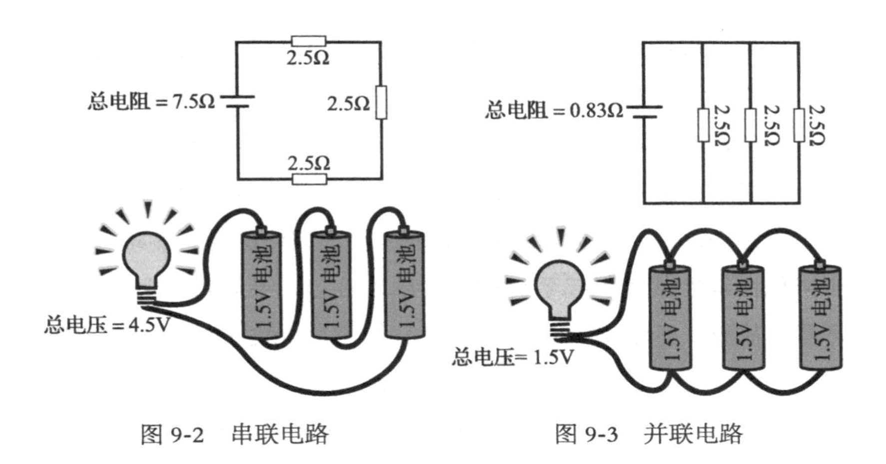

图 9-2 串联电路

图 9-3 并联电路

系统架构和电路在许多方面有相似之处。像电路一样，系统也由不同组件组成，如 Web 和应用服务器、负载均衡器、数据库和网络设备，而且也可以并联或串联。让我们以一个有大流量的静态网站为例。你可能把相同的静态内容配置在 10 个 Web 服务器上以提供网站服务。要么使用负载均衡器引导流量，要么利用 DNS 通过为相关域名指定 10 个独立的 IP 地址。这些 Web 服务器像图 9-3 中的电池一样是并联的。Web 服务器所处理的流量是总量的一小部分，如果一个 Web 服务器失败，该网站仍然可用，因为还有其他 9 个 Web 服务器。

作为一个更典型的串联架构例子，让我们添加一些层。如果以一个包括一个网络服务器、一个应用服务器和一个数据库服务器的标准的三层网站为例，我们会有一个串联的架构。要满足请求，Web 服务器必须先接受请求，然后将其传递给应用服务器（它查询数据库）。应用服务器接收并处理数据后，将其发送回 Web 服务器，最终满足客户的请求。如果电路或架构中的任何组件发生故障，整个系统将出故障。

回到现实世界的架构。几乎总是有些组件需要串联。当考虑到负载均衡、Web和应用层、数据库、存储系统等时，为了保持系统运行需要许多组件。当然，添加并联组件，即使层之间串联，有助于降低由组件故障引起系统故障的总风险。如果只有一个Web服务器出故障，多台Web服务器可以分散流量负载并避免系统故障。对于网络与应用层，大多数人很容易接受这个概念。数据库和网络层的这个问题却被大多数人忽视。如果并联的Web和应用服务器都串联到单个数据库，就可能会有一个可以导致灾难性故障的组件，这在规则37中讨论过。这就是为什么要特别注意第2章中关于数据库拆分和第3章关于水平扩展的那些规则。

关于网络组件，我们经常看到架构对并联服务器非常关注，但完全忽略网络设备，尤其是防火墙。在网络内外看到防火墙很常见。关于防火墙的进一步讨论，请参见第4章中的规则15。在这种情况下，流量通过防火墙、负载均衡器、防火墙、交换机，然后到Web服务器、应用服务器、数据库服务器，然后再一路返回。这个过程至少有7个串联的组件。如果已经有6个组件了，那么再增加一个有什么大不了的?

串联组件出故障的风险具有乘法效应。举个简单例子，如果我们有两个串联的服务器，各有99.9%的可用性或正常运行时间，那么该系统的总可用性不能大于99.9%×99.9%=99.8%。如果在串联中增加可用性为99.9%的第三个组件，我们就得到一个更低的总可用性99.9%×99.9%×99.9%=99.7%。放置的串联组件越多，系统的总可用性就越低。表 9-4 列出了一些简单的计算，来说明可用性降低，那么每月由此产生的停机时间增加。对串联的系统，每增加一个组件（可用性 99.9%），每月停机时间就增加大约 43 分钟。然而，对并联系统，每增加一对组件（可用性 99.9%），每月停机时间就减少大约 26 分钟。假如并联的每个组件有更低的可用性，这种改善效果甚至更加显著。

表 9-4　99.9% 可用的串联组件

组件号	总可用性	每月停机时间
1	99.9%	43.2
2	99.8%	86.4
3	99.7%	129.5
4	99.6%	172.5
5	99.5%	215.6
6	99.4%	258.6
7	99.3%	301.5
8	99.2%	344.4
9	99.1%	387.2

就像今天的大多数电路一样，系统也远比简单的串联和并联更加复杂，对可用性的精确计算要比简单的例子复杂得多。然而，可以明确的是，串联组件显著增加了系统停机的风险。当然，可以通过减少串联组件或增加并联组件来降低风险。

规则 39——启用与禁用功能

内容： 搭建一个框架来启用与禁用产品的功能。

场景： 考虑使用上线和下线框架控制新研发的、非关键性的或者依赖第三方的功能。

用法： 研发共享库以自动或基于请求的方式控制功能的启用与禁用，参见表 9-5 中的推荐。

原因： 为了保护对最终用户很重要的关键功能，关闭有问题或非关键性的功能。

要点： 当实施成本低于风险损失时，实现上线和下线框架。开发可以复用的共享库以降低未来实施的成本。

第 7 章在讨论回滚时介绍了称为上线 / 下线框架的概念，本章在讨论故障隔离设计方法时也提过它。最终这些类型的框架有助于确保系统可以优雅地出故障（在事件自诊断框架下）或在通过人为干预禁用某些功能的基础上继续提供服务。有时公司将类似的功能称为“功能切换”或“断路器”。

过去有几种方法可以控制功能的上线和下线，每种方法都有一定的优点与缺点。启用和禁用服务很可能取决于技术团队和运营团队的能力，以及出现问题的服务的业务关键性。表 9-5 涵盖了一些方法。

表 9-5 控制功能启用与禁用的方法

方法	描述	优点	缺点
基于超时的自动关闭	当调用第三方服务变慢时，应用会在一定时间内将该功能标记为“关闭”，直至人为干预重新启用它	当响应缓慢或服务不可用时，关闭该服务以防影响其他服务的最快方法	容易受到伪故障或者出故障的服务错误标识的影响。如果与自动关闭功能关联，可能会引起服务的“pinging”效应。每个服务都需要做出自己的决策

（续）

方　　法	描　　述	优　　点	缺　　点
替代服务	当某个服务出问题时，取代该服务，用一个自动应答器发出假的响应以表示服务不可用或者使用缓存发出“像正常数据”一样的响应	至少在服务端容易实现。可能让用户自己来判断是否有故障发生	每个调用服务需要理解所谓的故障响应。关闭服务可能比较慢，可能需要用户的干预才能关闭
人工关闭	管理员人工发出信号/命令来停止某个响应缓慢的功能	人工确定出现故障的服务	比自动关闭慢。如果响应缓慢或出故障的服务造成TCP端口满，命令或许无法有效执行
利用配置文件关闭	改变配置文件中的参数以指示关闭服务	不必依靠像命令这样的请求/回答通信模式	很可能要求重启服务来重新载入内存中的配置
利用文件关闭	凭借一个文件的存在与否标识某个功能是否可用	不必像同步命令那样依靠请求/应答模式进行通信。或许不需要服务重启	可能会因为每个请求都需要检查文件的存在，所以造成事务处理缓慢
运行时的变量	在启动时作为入口参数读入程序，然后像守护进程一样运行	与配置文件类似	与配置文件类似

表9-5并不是启用和禁用功能的所有可能性的完整清单。事实上，许多公司融合了一些选项。他们可以在启动时从数据库读取参数或者文件，以控制应用代码显示或不显示某组功能。PayPal在第一次实现国际化时所实施的就是这样的一个例子。有些国家的银行或资金转移规定只允许一些有限的支付功能。根据用户使用网站的地理位置，他可能只看到主网站提供的功能中的一部分。

当考虑功能的上线 / 下线框架时，要解决的同等重要的问题是，在哪里和什么时候应该使用决策。显然，实施框架意味着额外的工作以及由此带来的额外业务成本。让我们以（不太可能而且可能不正确）某些永远都不会出故障的功能为起点。如果知道哪些功能永远不会出故障，我们将不想为这些功能实现此控制功能，因为这是没有回报的投入。以此为起点，我们就可以确定投资在哪里具有价值或能带来业务回报。使用率高（高吞吐量）并且其故障会影响网站上其他重要功能的任何功能是合适的选择。另一个选择是在给定版本中正在经历大幅修改的那些功能。选择这两类功能的想法是，实施上线 / 下线的成本小于给业务带来的风险（风险是失败概率和失败影响的函数）。如果开发这些功能花费额外 1000 美元的成本，该功能无法处理的故障可能造成 1 万美元的业务损失，这个成本投入划算吗？

如果处理得当，技术团队可以通过实现一组跨功能的共享库，降低实施上线 / 下线框架的成本。对新的开发，这种方法不会把实施框架的成本降低为零，但它确实有助于降低未来几代框架启用功能的成本。

我们建议实施上线 / 下线框架有几个重要的原因。首先，新功能或正在积极开发的功能很有可能有缺陷。有能力关闭有问题的功能非常有价值。其次，如果功能对所提供的服务不重要，有可能想要关闭非关键功能。当计算资源成为瓶颈时，也许存在内存泄漏，把应用送入垃圾回收过程，关闭非关键功能以保护更多关键功能是个很好的选择。第三，调用第三方服务经常要以同步方式进行。当供应商的 API 开始响应缓慢时，能够关闭功能可以防止它减缓整个应用或服务，是非常可取的。显然，我们不相信一切都应该能够启用 / 禁用或上线 / 下线。这种做法成本昂贵而且不建议的，但运转良好的团队应该能够发现风险，为实施合适的保障措施共享组件。

总结

我们相信可用性和可扩展性紧密相关。可用性不高的产品不需要扩展，因为用户过不了多久就不来了。无法扩展的网站不会有高可用性，因为网站会变慢，甚至完全停下来。因此不能顾此失彼。本章提供了四个规则，它们有助于确保网站保持高可用性以及持续扩展。不要因为专注于可扩展性而使你忘记可用性对客户多么重要。

第10章　超然物外

本书前言提到了里克·达尔泽尔，他描述了如何使亚马逊电子商务平台扩展到可以处理今天交易量的一些亲身经历和所遇到的挑战。里克和亚马逊团队吸取了很多与保持大型分布式系统中状态相关的成本方面的经验教训。简单地说，里克来之不易的建议是尽最大可能避免状态。“每个人都认为亚马逊是世界上最大的无状态引擎之一，”里克说。“事实上，状态的概念内置在系统中。以订单工作流为例，需要利用状态来组织从购物车到履行订单并最终装运的全过程。在本书的前面我们了解到状态的代价非常高，在高度分布式的系统中与此相关的成本显著增加。”

“在用户请求进入亚马逊网站后，进而会分出几十或几百个其他的进程，其中每个大都以异步方式工作。想象一下和保持这些进程的某些状态相关的成本与复杂性。协调的难度令人难以置信。与状态的计算时间和存储相关的成本将显著增加。现在，再想象一下在服务之间传递状态。现在你在玩同步过程状态的疯狂游戏。或许你变聪明试图并通过两阶段提交[1]来强制进程之间的一致状态。

所有这些事情在小系统中真的很昂贵想象一下花在成千上万服务器和服务上的费用。”

“我们尝试了你能想到的所有方法来同步和管理状态，最后的结论是我们要避免它。还有其他的事情：当有状态的系统出故障时，那就遇上了一些真正的麻烦。该如何恢复状态？为了完全恢复它，你愿意等多久？”

“我们付出了极高的代价得到了这个教训——状态是不好的，应该尽最大可能避免。幸运的是，我们在互联网的早期就懂得了这个道理。在那个时候，要学到这些东西是很痛苦的，但我们的灵活性多一些。现在你不能失败，系统也不能停止服务。企业和消费者的期望已经接近无法满足的水平。有时不能摆脱 [状态]，如订单中的工作流，但只要可能，应极力避免它。”

会话和状态破坏互联网（SaaS、电子商务等）多租户应用承诺的终极价值。在任何给定时间内，保留用户交互的数据越多，系统能服务的用户数量就越少。在桌面领域，这几乎不是一个问题，因为在任何给定时间，单个用户经常有很多电力和内存可用。在多用户领域，目标是单个系统要服务尽可能多的用户，同时仍然保持完美的用户体验。因此，我们力求解除系统对用户数量的任何限制。状态和会话耗费内存与处理能力，因此它们是以成本效益方式扩展的大敌。

虽然我们宁愿不惜一切代价避免状态，但有时状态对业务很重要。事实上，某些应用（如里克描述的订单工作流系统）需要用户状态。如果状态是必要的，我们需要以容错、高可用和成本效益的方式实施，如把状态分发到最终用户（规则 41）或定位在基础设施

（规则 42）的某个特殊服务上。

图 10-1 描述了我们对状态的理解和应该如何做出实现状态的决定。

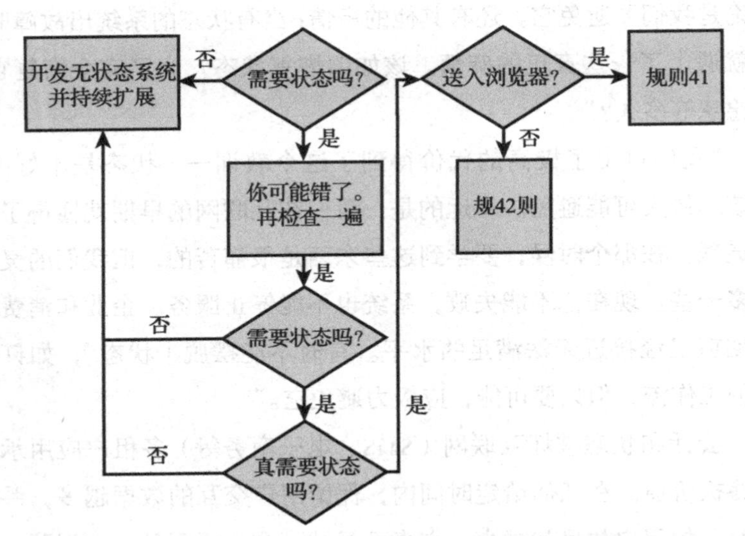

图 10-1　在 Web 应用中实施状态的决策流程

规则 40——力求无状态

内容： 设计和实施无状态系统。

场景： 在设计新系统和重新设计现有系统的时候。

用法： 尽可能选择无状态实施方案。如业务必须，可实施有状态方案。参见规则 41 和 42。

原因： 有状态会限制可扩展性、降低可用性并增加成本。

要点： 始终拒绝任何系统中对状态的需求。采用业务指标和对

比（A/B）测试来确定应用中的状态是否真的会带来可预见的用户行为和业务价值。

如果应用增长所带来的事务处理需求超出了单个服务器的能力，这是我们既悲喜交加的矛盾时刻。喜是因为业务正在增长，悲是因为开启了新的发展时代，这需要新技能来扩展系统。有时可以依赖会话复制技术助力扩展，但这也会迅速突破这些方法的极限。如第2章所述，不久将会发现太多应用服务器内存复制了太多的信息。很可能需要实施Y或Z轴拆分。

许多客户只停留在这些拆分上，并通过负载均衡器处理会话和状态以保持黏性。一旦用户登录或启动针对应用服务器池的某些进程，用户保持与应用服务器的黏性，直到功能（在拆分Y轴的情况下，不同的池提供不同的功能）或会话（在拆分Z轴的情况下，客户被分到池中）完成。对增长缓慢或客户对可用性要求不高的许多产品，这是个适当的方法。保持黏性增加成本；当几个大容量或长时间运行的会话被绑定在少数几个服务器上时，容量规划就成为麻烦，因为当这些应用服务器运行失败时，某些客户的可用性将会受到影响。虽然可以依赖会话复制来准备好另一个系统，使我们可以在系统出故障的情况下把该服务器加入池中，但是这种方法昂贵而且需要重复内存，同时消耗系统容量。

最终，服务大多数超级成长客户的最好解决方案，就是尽可能消除状态。关于状态的话题，我们想从讲述"为什么需要它"开始，我们的客户都很吃惊，典型的回答是："嗯，一直以来都是这样，我们需要知道刚刚发生了什么以决定下一步该怎么做。"当要求用数据来证明状态在收入和交易量增加等方面的效果时，他们经常不知所措。诚然，有某些解决方案需要状态（例如工作流进程），但状态往往是奢侈和昂贵的。

永远不要低估在应用中“简单和容易”的威力，它是对抗“丰富和复杂”的有效武器。Craigslist 依靠基于文本且无状态的应用打败 eBay，赢了本地分类广告战。eBay 虽然尽力保持无状态，而且有优秀的分类广告产品，这些产品在功能数量和多样性方面领先对手 Craigslist，但是保持简单获胜了。不相信吗？谷歌是如何击败搜索市场的所有竞争者的？其他人在丰富的用户界面上投入，谷歌至少最初建立的理念是最后的搜索是唯一重要的，用户真正想要的是好的搜索结果。没有状态、没有会话、没有废话。

重点是会话和状态耗费资金，仅在有经营指标支持（通过 A/B 测试或多元分析可以明显确定）的竞争优势情况下才应该实施二者。会话和状态需要内存，通常需要更大的代码复杂性，这意味着事务处理需要更长的时间。这减少了每个服务器每秒可以处理的事务数量，增加了需要的系统数量。很可能也需要更大和更昂贵的内存来容纳系统内外的状态。这可能需要开发“状态集群”，本章的后面会描述它，这意味着更多的设备。反过来，更多的设备意味着更多的空间、电力和冷却装置，或者在虚拟世界里因为更多的云资源需要支付更多的成本。记住，每个服务器（或虚拟机）都至少需要耗费其单位成本的三倍，因为需要为它提供空间、冷却装置和电力。云资源也需要相同的成本，只不过费用打包摊给了我们。

对任何应用或服务都要质疑状态的必要性。确立一个措辞强烈的原则类似“开发无状态应用”。要清楚状态分布（把状态移到浏览器或分布式状态服务器或缓存中）与无状态不一样。规则 41 和 42 让我们构建有明显竞争优势的丰富业务功能，这些优势通过可促进收入和事务处理的经营指标显示，这两条规则绝不是作为本规则的替代品。

规则 41——在浏览器中保存会话数据

内容： 彻底避免会话数据，但需要时，考虑把数据保存在用户的浏览器中。

场景： 任何为了最佳用户体验而需要保存会话数据的场合。

用法： 在用户的浏览器中使用 cookie 来保存会话数据。

原因： 在用户的浏览器中保存会话数据，允许任意 Web 服务器为用户请求提供服务，并减少存储要求。

要点： 使用 cookie 来存储会话数据是一种常见的方法，优点是易于扩展。其中一个最受关注的缺点是非加密的 cookie 很容易被捕获并用于账户登录。

如果必须为用户保存会话数据，那么一种方法是保留在用户的浏览器中。该方法有几个优点和缺点。把会话数据保留在浏览器的第一个好处是系统不需要存储数据。如规则 42 所解释的那样，在系统中保存会话数据会给存储和检索带来大量额外负担。反之，则可以极大减轻系统在存储和工作量方面的负担。该方法的第二个好处是，来自浏览器的请求可以由池中任何服务器处理。当使用浏览器中的会话数据沿 X 轴水平扩展 Web 服务器时，池中的任何服务器都可以处理请求。

当然，一切皆有取舍。存储会话状态的缺点之一，就是数据必须在浏览器和需要此数据的服务器之间来回传输。为每个请求来回传输这些数据的代价极高，特别是当数据量显著变大时。不要把最后这句话不当一回事。会话数据现在可能不太大，让几十个开发人员访问在 cookie 中存储的数据，经过几次代码发布后，你就想知道为什么页面加载变得如蜗牛般缓慢了。另一个非常严重的缺点是由 Firefox 的插件 Firesheep 暴露出来的，在开放的 WiFi 网络环境里，可以很容易地获取会话数据，并用来恶意登录他人的账户。大多数常见网站的会话 cookie 都会因为上述插件而泄密，诸如谷歌、Facebook、推特和亚马逊，仅列举几个。针对这种通常称为劫持（sidejacking）的黑客攻击，稍后我们会建议一种保护用户 cookie 的方法。

在浏览器中存储 cookie 简单而直接。在 PHP 中，如下面的例子所示，简单地调用 setcookie 设置参数 cookie 名、数值、有效期、路径、域和安全参数（是否应仅支持 HTTPS）。用完后要销毁 cookie 时，只要设置相同的 cookie，并将有效期参数设置为 time()−3600，其意思是过期时间设置在一小时之前。

```
setcookie("SessionCookie", $value, time()+3600, '/', '.akf
partners.com', true);
```

有一些会话数据存储在多个 cookie 中，其他的会话数据存储在单个 cookie 中。cookie 的最大空间是要考虑的一个因素。根据 RFC 2965，浏览器支持的 cookie 每块至少是 4KB，同一域名中最多有 20 块 cookie[2]。大多数浏览器都支持这些要求的最大值。这又回到前面讨论过的内容，cookie越大，页面加载速度越慢，因为对每个请求该数据必须来回传输。

既然使用cookie来支持会话，并且cookie要尽量小以利于系统扩展，那么下一个问题是如何防止数据免受被劫持？显然，全部可以用HTTPS发送页面和cookie。用于HTTPS的SSL协议要求对所有的通信加解密。虽然这可能是对银行网站的要求，但是对新闻或社交网站这样的要求没有道理。相反，建议使用至少两个cookie的方法。一个cookie是授权cookie，要求对每个使用如下JavaScript调用的HTTP页面通过HTTPS传输都需要。这允许大量页面（内容、CSS、脚本等）通过不安全的HTTP传输，而单一授权cookie通过HTTPS传输。[3]

```
<script type="text/javascript" src="https://verify.akfdemo.
com/authenticate.php"></script>
```

为了最终的可扩展性，建议避免会话。然而，这并不总是可能的。在这些情况下，建议将会话数据存储在用户的浏览器中。在实施时，控制cookie数据大小至关重要。数据过多会降低页面加载以及系统Web服务器的性能。

规则42——用分布式缓存处理状态

内容： 使用分布式缓存在系统中存储会话数据。

场景： 任何需要存储会话数据但又不能在用户的浏览器上存储的情况。

用法： 注意一些常见错误，如需要用户对Web服务器黏性的会话管理系统。

原因： 仔细考虑如何存储会话数据以帮助确保系统可以继续扩展。

要点： 许多 Web 服务器或语言提供基于服务器的简单会话管理，但这往往充满问题，如用户与特定服务器的黏性。实现分布式缓存允许在系统中存储会话数据和继续扩展。

根据图 10-1 中的建议，不能将状态推给最终用户而需要在应用或系统中保持状态，我们希望在得出这个结论之前进行充分思考。这是非常令人悲伤的时候，你费了这么大劲，应该羞愧地低下头，因为工程师能力不足，无法弄清楚如何开发无状态系统，或没有能力让最终用户保持状态。

当然，我们是在开玩笑，因为我们已经承认有些系统必须保持状态，甚至有少数情况最好在服务、应用或基础设施内保持状态。认识到这一点，现在让我们转而讨论在应用中保持状态时不应该做什么的一些规则。

首先，远离需要应用或 Web 服务器黏性的有状态系统。如果服务器宕机，服务器上的所有会话信息（包括状态）可能会丢失，这要求那些客户（可能数以千计）重新开始他们的进程。即使数据存在某些本地或网络存储上，服务也将会中断，用户需要在另外一台服务器上重新开始新的会话。

其次，不要使用状态或会话复制服务，诸如那些运行在应用服务器或第三方“集群”服务器上的服务。如本章前面所述，因为会话修改需要传播到多个节点，所以这样的系统根本无法扩展。此外，选择该类型的实施方案，等于提出了一个共有多少系统内存可供使用的可扩展性方面的新问题。

再次，在选择会话缓存或持久性引擎时，不要把缓存放在执行实际工作的服务器上。虽然这是个小小的改进，但它有助于提高可用性，如果某个服务器宕机，我们将失去服务器上与此关联的缓存或运行在上面的服务，而不是同时失去两者。创建缓存（或持久）层也使我们仅根据访问缓存去扩展，而不必同时考虑应用服务和内部及远程的缓存服务。

分布式缓存的禁忌

为了管理会话或状态而实现缓存时，有三种方法要避免：

- **不要**实施必须对服务器有黏性才能正常工作的系统。
- **不要**使用状态或会话复制来产生不同系统上的数据副本。
- **不要**把缓存放在执行任务的系统上。这并不意味着不应该有本地应用缓存，只是最好把会话信息放在本层或服务器上。

遵守不该做什么和选择该做什么的规则简单明确。对解决这些问题的方法，我们努力坚持不可知的态度，因此我们更关心设计而不在乎实施细节，比如想实施哪个开源缓存或者数据库解决方案。我们强烈地感觉到很少有自己开发缓存解决方案的必要。面对所有选择，从分布式对象缓存（像Memcached）到开源和第三方数据库，为了会话信息实施自己的缓存解决方案看起来很可笑。

这给我们带来了一个问题，缓存应该采用什么工具。这实际上是可靠性和持久性与成本问题的折中。如果希望会话或状态信息保持相当长的一段时间，比如对于购物车，对部分或全部会话信息你可能会决定依赖允许长期和稳定的持久解决方案。在许多情况下，可以用数据库来实现。然而，数据库显然比非持久的分布式对象缓存这样简单的解决方案花费更多的单位事务处理成本。

如果不需要持久性和耐久性，你可以从众多对象缓存中选择一个。有关对象缓存的讨论及其用法，参考第 6 章。在某些情况下，你可能会决定既需要数据库的持久性，也希望在保证数据库前面缓存性能的前提下，维持相对低的成本。这样的实施带来数据库的持久性，同时允许通过数据库前面的缓存来以经济实惠的方式扩展事务处理。

分布式会话 / 状态缓存的几点考虑

分布式缓存有三个常见的实施办法，关于其优点和缺点，说明如下：

- 仅依靠数据库的实施方案总的来说是最昂贵的，但可以使所有数据持久，更好地在分布式环境中解决更新和读取之间的冲突问题。
- 非持久对象缓存快速而且相对便宜，但不允许数据在故障后恢复，不适合用户访问间隔时间比较长的情况。
- 当需要持久性和期望相对较低的成本时，数据库提供持久性和缓存提供以经济实惠的方式扩展的混合解决方案是非常好的选择。

总结

第一个建议是不惜一切代价避免状态，但我们理解会话数据有时是必要的。如果状态是必要的，尝试将会话数据存储在用户的浏览器（规则 41）中。这样做消除了在系统中存储数据的需要，并允许用池中任何 Web 服务器处理用户的请求。如果不可能，建议利用分布式缓存系统（规则 42）来处理会话数据。以下这些规则将有助于确保系统继续扩展。

注释

1. 作者注：可参考第 8 章的规则 33。建议不要这样做。
2. D. Kristol and L. Montulli, Networking Working Group Request for Comments 2965, "HTTP State Management Mechanism," October 2000, www.ietf.org/rfc/rfc2965.txt.
3. 该解决方案由兰迪·威金顿研发、解释和论证，发表在我们的博客上，http://akfpartners.com/techblog/2010/11/20/slaying-firesheep/.

第11章　异步通信

第3章讨论过克里斯·施瑞穆斯和他的公司ZirMed——一间医疗财务管理公司。现在我们再访克里斯，听他及其团队从异步通信中吸取的另外一个教训。克里斯开始说，“我们负责处理医疗服务提供方和付款人双方之间的医疗保健事务处理。确实只有两种实施场景。第一种是在病人预约来访的前一天，医生办公室上传一整套信息［病历］，确保他们拥有有效的保险文件，而且他们清楚病人是否有共付或其他类似的安排。第二种是无预约病人来访，医生办公室将现场验证福利资格。在医疗领域，这类事务处理很好理解。因此，当病人出现在办公室时，合作伙伴、医疗管理系统或医院信息系统实时调用API，然后确定是否需要当场收款。有趣的是，一般来说，我们的应用是特别以异步设计模式研发的。有一天，我们发现有一些现场验证福利资格，在调用这些API时开始出现超时。但不仅API调用开始超时，我们看到整个应用及其各个部分真的都出现了性能问题。”

ZirMed系统是这样设计的，Web服务器通过内部限制性的

API的实施与IBM MQ交互，从而允许他们与MQ服务器通信。当ZirMed的外部API收到请求后，它发出内部API调用，以把消息放到队列上并获取相关的ID。应用接着继续处理该调用的其他事务。虽然调用似乎是异步的，但与MQ服务器本身交互的调用是同步的。

克里斯解释说，“到目前为止，该设计已经使用了十年，该应用的许多部分与以同步模式与MQ服务器通信的特定Web服务集成。我们所看到的是系统已经达到了可以处理的最大请求数量。很快就搞清楚了支付端是问题的根源。对于验证福利资格，支付方试图在10秒内返回结果。总的来说，他们非常擅长处理这种事务。但是，在这个特殊的日子里，四个主要支付方反应速度缓慢。缓慢的意思是返回响应在50秒而不是10秒内。我们发现单个事务已经卡在系统里很长一段时间了。因为不明白有这个瓶颈，所以所有使用该瓶颈的系统运行缓慢。造成这种缓慢的原因是出现了异乎寻常多的现场验证福利资格请求，上游的四个支付方发生问题。因为一个不良的设计选择使我们的系统受到了影响，一个已经存在了多年的同步方法被完全忘记了。本来上游的一些事件不应该对我们有任何影响，结果导致整个系统陷入非常糟糕的状态。”

克里斯和他的团队很快就解决了这个问题，并开始调查以确保没有其他同步调用暗藏在系统中。克里斯总结道，“你想讨论多少年前似乎完全无害的糟糕设计选择是怎么逐渐演变成看不到的问题。我们也不知道是怎么发展到今天的。”这里的教训是，当处理速度慢达不到系统容量要求时，多年运行正常的一个不起眼的同步调用，可以导致整个网站停止服务。

应用和服务之间的异步通信一直是许多平台的救星，也是许多平台崩溃的原因。实施得当的异步通信近乎无限扩展的阶梯上重要的一级。随意实施的异步通信只会变成隐藏在产品中的故障和瑕疵，这就像把口红涂在猪嘴上。

作为一条规则，我们鼓励在任何时候都采用异步通信。正如本章所讨论的，这不但要求以异步方式通信，而且要求以异步行为进行实际的应用开发。这意味着在很大程度上要远离请求/答复协议——至少是那些对响应有时间约束的。当需要在指定时间内响应时，至少需要积极的超时设置和异常处理。即使最有经验的团队，也很难实现这些防御机制。

作为异步通信最常见的首选方案，消息总线经常得不到完整实施。根据我们的经验，它经常作为事后的补救措施，缺乏适当的监控或架构思考。如本章后面所述，近期的平台即服务的模式可能会加剧“萝卜快了不洗泥”类型的实施。其结果往往是延迟的灾难。随着关键信息的阻塞，系统表面看起来似乎运转正常，直到整个总线停止运转或完全崩溃。产品基础设施的关键部分失败。网站停止服务。本章的目的就是要避免这些小范围、局部和全面崩溃的发生。

规则 43——尽可能异步通信

内容： 尽可能优先考虑异步通信而不是同步通信。

场景： 考虑在服务与层之间的所有调用尽可能异步实现。特别是所有非关键请求。

> **用法：** 使用特定语言调用，以确保请求是以非阻塞方式发出且调用方不阻止等待响应。
>
> **原因：** 同步调用使整个程序停下来等待响应，它捆绑所有服务和层，进而导致连锁性延迟或故障。
>
> **要点：** 用异步通信技术确保服务和层尽可能独立。使系统扩展能力远超所有的组件紧密耦合在一起的情形。

一般来说，不管是在服务内还是在两个不同的服务之间，异步调用比同步调用要困难得多。原因是异步调用往往需要通知之前发送消息的服务请求方已完成并协调通信返回。如果发出调用请求后不理，就没有通信或协调调用结果返回给调用方的需要。这很容易用多种方式完成，包括下面简单的 PHP 函数，它使用 & 符号在后台运行进程：

```
function asyncExec($filename, $options = '') {
[em][em]exec("php -f {$filename} {$options} >> /dev/null &");
}
```

然而，发出调用请求后置之不理并不总是一种选择。通常主调方法想知道什么时候被调方法可以完成。原因可能是其他处理必须发生在结果可以返回之前。可以很容易地想象电子商务平台在使用折扣券时需要重新计算运费的场景。理想情况下，我们希望两个任务同时执行，而不是调用第三方供应商服务计算运费后，再处理购物车中商品的折扣券。但我们不可能在两者完成之前将最终结果返回给用户。

在大多数语言中都有设计好的回调机制，它负责协调父方法和异步的子方法之间的通信。C/C++ 中，这是通过函数指针完成的；

Java 中，这是通过对象引用实现的。有许多使用回调函数的设计模式，如委托设计模式和观察者设计模式，每种都可能很难适当实施。但为什么要这么麻烦地异步调用其他的方法或服务呢？

我们费这么大的周折来进行异步调用，是因为当所有的方法、服务和层通过同步调用绑在一起后，迟缓或故障将导致整个系统延迟而且连锁性故障。正如第 9 章的规则 38 所讨论的那样，将所有组件串联在一起会对失败有乘法效应。我们通过可用性来讨论这个概念，但也可以用每千行代码的 bug 风险率来分析。如果方法 A、B 和 C 均有 99.99% 的无 bug 概率，一个调用另一个，另一个再调用另一个，所有调用都是同步的，那么整个系统逻辑流无 bug 的概率将是 99.99% × 99.99% × 99.99% = 99.97%。

第 9 章的规则 36 讨论了减少故障风险蔓延的同样概念。在这条规则中，我们讨论了把系统池分割成服务不同组客户的独立泳道的想法，好处是如果有一个泳道出现问题，它不会蔓延到其他客户的泳道，从而最大限度地减少了对系统的整体影响。此外，因为有多个版本的相同代码可以比较，所以故障检测也比较容易。当架构有泳道时更容易检测故障的这种能力也适用于采用异步调用的模块或方法。

异步调用可以防止故障或迟缓的蔓延，当问题发生时，它有助于定位缺陷。大多数遇到过数据库问题的人已经看到问题如何体现在应用或网络层，因为一个缓慢的查询会导致数据库连接阻塞，反过来又导致应用服务器的套接字一直保持开启状态——有时会影响到应用服务器上所有可用的套接字。数据库监控可能不会报警，但应用监控会。在这种情况下，同步调用发生在应用服务器和数据库服务器之间，使问题变得更难诊断。

当然，不能在系统方法和层之间进行所有的异步调用，所以真正的问题是哪些应该采用异步。首先，必须以同步方式实现的调用应该设置超时，从而在同步调用方法或服务失败或超时的时候，优雅地处理错误或持续地处理事务。确定哪些调用是异步最佳候选的方法是基于以下标准分析每个调用。

- **外部API/第三方调用**——调用是第三方或外部API吗？如果是这样，绝对应该进行异步调用。如果以同步方式进行外部调用，那么出错的机会太大。你不想把系统的健康和可用性绑在一个不能控制而且能见度有限的系统上。
- **长期运行的进程**——被调用的进程是以长时间运行而闻名的吗？对计算或I/O要求很高吗？如果是这样，这是异步调用的绝佳候选者。通常问题较多的是与缓慢运行相关的进程，而不是彻底的故障。
- **经常改变且易出错/过于复杂的方法**——调用过于复杂或者经常变化的方法或服务吗？大或复杂的变化越多，被调用的服务就越有可能存在bug。避免将关键代码与复杂而且需要经常改变的代码捆绑在一起。这是在自找苦吃。
- **时间约束**——当两个进程之间不存在时间约束时，考虑发出调用请求后忽视子进程。可能的场景是当新注册者接收欢迎电子邮件或当系统记录事件时。系统应该关心电子邮件是否发出去或事件是否记录完毕，但是不应该因为等待发送电子邮件而耽误把注册页面结果返回给用户。

这只是一些用于确定是否采用异步调用的部分最重要的标准。

全盘的考虑可以作为练习留给读者与读者团队。虽然我们可以列出另外十个标准，但是标准越多，适用性越差。此外，开发团队经过一个小时的练习，将使每个人都知道使用同步和异步调用的优点与缺点，从遵循规则的角度看这更加强大，比我们可提供的任何系列规则对系统扩展起的作用都大。

规则 44——扩展消息总线

内容： 同任何物理或逻辑系统一样，消息总线也会因需求而失败。所以它们也需要扩展。

场景： 每次当消息总线是架构组件的时候。

用法： 采用 AKF 的 Y 和 Z 轴拆分。

原因： 确保消息总线可以扩展以满足用户需求。

要点： 像对待任何其他关键组件那样对待消息总线。在需求到来之前沿 Y 或 Z 轴扩展。

我们在技术架构中发现的最常见故障之一，是常称为企业服务总线或消息总线的巨大单点故障。前者一般是像类固醇一样的消息总线，它通常包括转换功能和交互 API，它更有可能被实施成穿透技术栈的单根动脉，其中充斥着过期的消息，就像胆固醇贴在血管壁上一样。当问及客户时，他们最常认为通过总线传递消息的异步性，并没有把时间花在总线架构上，是其更具可扩展性和高可用性的原因。虽然以异步方式设计的应用通常可以灵活应对故障，而且这些应用也易于更有效地扩展，但是它们仍然容易成为海量需求的瓶颈和故障点。好消息是到目前为止，你从本书所学到的理论可以像解决数据库需求那样，轻松地解决消息总线对可扩展的需求问题。

异步系统比同步系统更容易扩展而且可用性也更高。之所以这样主要是因为，子系统和服务在缺乏某些数据或者响应迟滞的情况下能够继续工作。这些系统仍然需要减轻负载并且接受信息才能工作。尽管系统或者服务允许它们“调用后置之不理”，但不会因为响应缓慢或者不可用而阻碍进程，它们仍然面临着逻辑端口被占满直至系统故障的问题。在消息总线中，这样的故障绝对可能，因为这些系统与其他系统并无二致，其“血和肉”仍然是软件和硬件。在某些情况下，在总线上运行的计算逻辑分布在几个服务器上，系统和软件仍然需要传递和解析通过总线发出的消息。

既然已经明确了消息总线无法置身事外，它也必须像其他技术系统一样，受物理定律的约束。我们可以进一步弄清楚如何扩展。无论是物理的还是逻辑的，从可用性和可扩展性角度看，我们知道这不是一个好主意，所以需要对其进行拆分。你可能已经从前面的暗示中猜到，一个好方法是在总线上采用 AKF 扩展立方体的拆分手段。在这个特殊情况下，我们可以舍弃 X 轴扩展（参见第 2 章的规则 7），因为复制总线可能起不到什么作用。尽管通过直接复制总线的基础设施以及在总线上传递的消息，有可能提高可用性（如果一条总线出故障，其他的可以继续工作），但仍未解决可扩展性问题。也许可以向 N 条总线中的每条发出 1/N 条消息，但是接着所有潜在的应用都要在总线上接收消息。我们仍然面临着读取拥塞的问题。我们需要找到一种方法，通过消息或数据的某些独一无二的属性来区别或拆分消息（Y 轴——见第 2 章的规则 8），或者客户或用户的某些独一无二的属性（Z 轴——见第 2 章的规则 9）。图 11-1 描述了针对消息队列的 AKF 的三轴扩展情况。

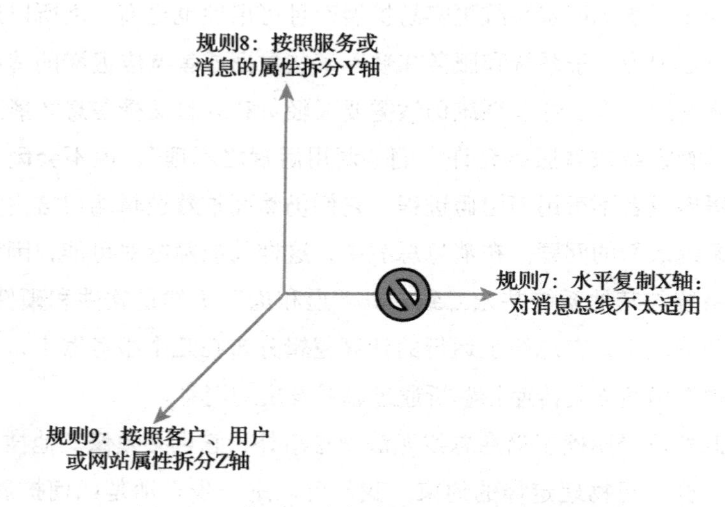

图 11-1　应用于消息总线的 AKF 扩展立方体

舍弃了 X 轴扩展，让我们再进一步研究一下 Y 轴扩展。有几种方法可以通过属性来区分或拆分消息。一种简单的方法是把总线用于特定的目的。对于电子商务网站，我们可以选择面向资源的方法，在一条总线上传递客户数据，在另一条总线上传递目录数据，在另一条总线上传递购买信息等。我们也可以选择面向服务的方法，确定服务之间的关联关系，为每组具有唯一关联关系的服务实施专用的总线。“等一下”，你喊道，“如果选择这样的拆分方法，我们将会失去了与总线相关的一些灵活性。我们再也不能简单地连接一些能够处理所有消息的新服务和在产品中增加新数值。”

当然，你是绝对正确的。正如数据库拆分降低了把所有数据混合在一个地方以便未来活动的相关灵活性，服务总线的拆分降低了通信方面的灵活性。但请记住，这些拆分对业务的超高速增长和长久持续带来了更大的好处！你想要有一个平坦发展但不能超越单体总线限制的业务，还是当需求水平以指数方式增长时洪水般的请求涌进网站使你获得巨大成功呢？

还有其他Y轴选项。我们可以看看那些已知的数据，例如时间属性。数据能否很快就用上，还是仅仅是一条知会性的消息？这使我们考虑服务质量，以及对任何级别的数据按需要的服务级别进行分段，这意味着我们可以构建不同质量水平和成本的总线，以满足不同的需要。表11-1对这些Y轴拆分做了总结，但这绝不是一个包罗万象的列表。

表11-1 采用AKFY轴拆分方法优化消息总线

拆分的属性	优　点	缺　点
时间	容易监控故障以满足响应时间——只要根据绝对标准找到最早的消息	并不是所有的消息都是一样的。有些消息短而快，但是对关键功能的完成无关紧要
服务	只连接需要彼此通信的系统	不同节点以黏性方式连接造成灵活性降低
服务质量	扩展的成本和使任何高可用总线，根据消息的重要性实现扩展	对于非常重要或不重要的消息可能仍然需要一种办法来借助流量扩展总线
资源	类似类型的数据（而不是服务）共享总线。简单的逻辑实施	可能需要一些服务来处理总线上不频繁的消息

回到图11-1，现在把AKF的Z轴扩展方法应用到我们的问题上。像前面所发现的，这种方法最常见的实现方式是按照客户拆分

总线。这个意义最大，尤其是当你已经采用了 Z 轴拆分方法来实施，因为每个泳道或豌豆荚都可以有专用的消息总线。事实上，如果真的想要做好故障隔离就要这样做（参见第 9 章）。那并不意味着我们不能利用一个或多个消息总线在泳道之间进行异步通信。但是我们绝对不想依赖泳道间共用的单一基础设施，来完成应该在泳道内部做好的事务处理。

确定消息总线如何扩展的最重要一点是，确保该方法与应用到其他技术架构上的方法一致。例如，如果采用 AKF 的 Z 轴扩展方法沿着客户边界扩展架构，那么最有意义的架构是把已经按照 Y 轴扩展方法实施的消息总线放在每个客户的豌豆荚里。如果已经按照 Y 轴扩展方法拆分了服务或资源，那么消息总线按照类似模式拆分是有道理的。如果已经沿着 Y 和 Z 轴拆分了服务和资源，而只需要一种方法来处理消息流量，那么在获得更大的故障隔离方面 Z 轴最有可能优于 Y 轴。

所有以前的建议都直接应用在有完全控制权的消息总线上。PaaS 解决方案可以缩短上市时间并拥有低成本优势，如果我们想利用该方案应该怎么办？好消息是，许多 PaaS 解决方案已经考虑到了用户的可扩展性和可用性需求。坏消息是，仍然需要从架构上设计解决方案以满足客户的需求和在供应商提供的服务范围内工作。许多 PaaS 的消息队列服务是部署在多个数据中心或可用性区的多个服务器上。他们甚至承诺“无限的可扩展性”，所实施的消息总线基础设施利用该能力是非常重要的，但是应该并不完全依赖其可扩展性或可用性。简单地说，供应商不应该设计你的架构。问问自己，“这个平台会怎么出故障和如何扩展？“确保使用 Y 和 Z 轴的概念来实现架构良好的服务。

异步通信的 PaaS 解决方案容易实施而且经济实惠。如果在开始时没有考虑到关键因素，就会出现选择不对、实施不当、成本昂贵的情况。实现 PaaS 解决方案时要考虑的因素包括轮询时间的长短以确保消息的适当延迟、批量请求以优化成本和订阅消息送达的需求。

规则 45——避免总线过度拥挤

内容： 总线流量仅限于那些价值高于处理成本的事件。

场景： 在任何消息总线上。

用法： 以价值和成本判断消息流量。去除低价值、高成本的流量。抽样调整低价值 / 低成本和高价值 / 高成本以降低成本。

原因： 消息流量不是“免费的”，并且对系统提出了昂贵的要求。

要点： 不要发布一切消息。对流量进行抽样以确保成本与价值之间的平衡。

凡事物极必反，过度会产生严重和消极的后果。例如，如果长期过度锻炼身体，实际上会降低身体免疫力，使人易受病毒感染。与此类似的案例是毫无差别地把生产中的发生的一切都发布到单个消息总线上（或，如果遵循规则 43，几个消息总线上）。诀窍是知道哪些信息有价值，确定其价值多大，并判断价值是否大到可以覆盖大量发布消息所需要的成本。

为什么刚刚解释了如何扩展消息总线，现在就开始对近乎无限扩展的系统能够发布多少消息感兴趣？答案是可扩展解决方案的成本和复杂性。虽然我们有信心如果遵循规则 44 中的建议将会得到一个可扩展的解决方案，但是我们希望该解决方案能在一定的成本约束内。我们经常看到客户几乎对每个服务采取的每个行动都发布消息。在许多情况下，发布的消息是重复的，因为应用也把数据存储在某些本地日志文件（如网络日志）中。他们经常会声称这些数据对于解决问题或发现容量瓶颈（即使它可能会造成一些瓶颈）有益。有个案例中客户甚至声称 AKF 是他们把一切消息发布到总线上去的原因！该客户声称他们认为我们的建议（参见第 12 章的规则 49）意思的就是"捕获系统所做的一切活动。"强大的数据处理和分析平台的崛起，至少部分地激发了客户的热情，使他们把消息总线作为所有类型和规模的数据主要传递机制。

并非所有的数据对企业都具有同等价值，让我们从这个概念开始讨论。显然，对营利性的业务，在大多数情况下，完成生产收入事务处理数据，比帮助分析事务以采取未来行动的数据更加重要。有助于把未来做的事情优化得更清晰的数据，可能比帮助我们发现瓶颈（尽管后者绝对非常重要）的数据更加重要。显然，大多数数据有一些"选项价值"，可能会在日后发现它的用途，但这个数据的价值显然低于对今天业务有明确目的和影响的数据的价值。在某些情况下，一个小样本数据就可以带给我们几乎与全部数据一样的价值，例如在海量事务处理系统中对低价值数据的统计学抽样。

在大多数系统中，特别是大多数消息总线（除了按规则 44 的服务质量分段的以外）上，数据有一部分不变的成本。尽管事务或数据元素（数据）的价值可以因为事务类型甚至客户价值而变化，但是事物处理成本保持不变。事与愿违。理想情况下，我们希望系统任何组件的价值显著超过其成本，或在最坏的情况下与成本相抵。图 11-2 简单说明了这种关系并且解释了团队对数据应采取的行动。

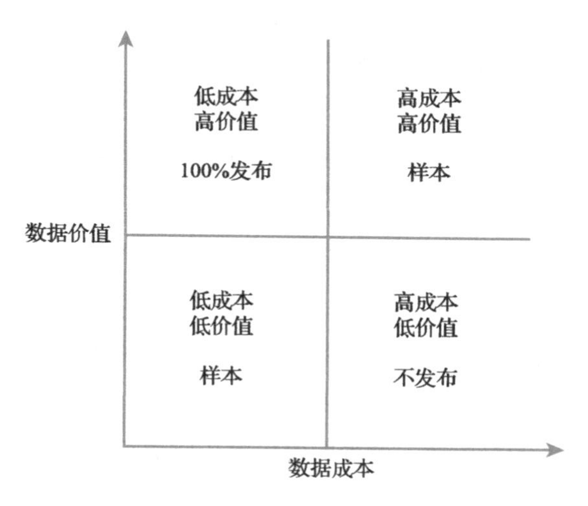

图 11-2　数据与相对应消息总线行动之间的成本 / 价值关系

图 11-2 中左上象限是最好的可能情况，在这种情况下，数据的价值远远超过将其发送到总线上的成本。在电子商务网站上的明显例子是购物车数据。这些数据的重要价值很清楚，我们很乐意用它们来证明我们的消息总线扩展及其增加的成本。右下象限区域的数据是可能完全要丢弃的，直到认为它比传输成本更有价值。一个潜在情况可能是在社交网站有人改变了个人资料（假设图片更改实际上没有消息产生）。在这种情况下，与其通过消息总线发送消息

指示该事件发生，不如通过其他方法，如在数据库中存储图片的最后更新时间，更容易地推导出。一个潜在的不利因素是，我们可能无法对事件迅速采取行动，理解这个延迟的价值很重要的，要把它包括在价值的计算中。

在讨论消息总线上数据的价值时，要考虑的一点是并非所有消息总线都是相同的。有各种实现方案，从开源的 Apache Kafka 到 RabbitMQ，再到 PaaS（如 AWS Kinesis 和 SQS）。开源解决方案可能是一个陷阱，因为传递信息可以可能被当成免费的。然而，这忽略了消息总线运行的硬件或虚拟机的成本，以及监控和维护总线工程师们的成本。

发布消息的速度会对消息总线的成本产生影响。随着总线需求的增加，因为需要扩展总线以满足新需求，所以总线的成本增加。采样使我们能够降低事务处理的成本，与前面描述的一些情况一样，我们仍然可以保留这些事务 100% 的价值。抽样是为了降低处理成本。成本一旦降低，数据的价值就可能超过新成本，从而使我们能够保留某些部分的数据。降低事务处理成本意味着可以缩减消息总线并降低其复杂性，因为减少了要发送消息的总数。

我们可以将这些技术应用到消息传递系统的许多用例中。流行的消息总线实现是基于事件的架构，它将大量消息分为小消息，供任意数量的系统个性化地使用。以支付系统的反欺诈服务为例，该系统将活动作为消息来使用，并且可以近实时地执行复杂的算法和数据收集。尽管在消息总线或队列中，捕捉所有事件似乎是个简单的决定，但是要考虑是否绝对必要。事件采样将产生相同的价值吗？是否需要分析每个事件？

这里要表达的整体信息是，因为实现了消息总线并不意味着必须使用它来处理所有的消息。除了必要的消息之外，很容易发送更多的消息，应该克制自己。永远牢记，不是所有产生的数据都有相同价值，但是其成本很可能是相同的。不要轻易被便宜的存储和貌似乎万能的承诺所动摇。用抽样方法来降低成本，丢弃（或不发布）那些低价值消息。我们将在第 12 章的规则 47 中讨论存储时再次讨论价值和成本的概念。

总结

本章讨论异步通信，这是通信的首选方法，它一般更困难、更昂贵（从开发和系统成本来说）而且实际上可能做过头。本章从概述异步通信开始，提供了几个用来判断何时采用异步通信的最关键的准则。随后我们按两个规则处理了消息总线，这是最流行的异步通信实现。

规则 43 和 44 讨论了如何扩展消息总线以及如何避免过度拥挤。正如在本章前面提到的那样，虽然消息总线经常被作为异步通信的首选，但是它往往存在实施不足的情况。随手作为事后补救措施，未经适当监控或者架构思考，它有可能会变成一个巨大的噩梦，而不是一个架构优势。

注意这些规则以确保服务内部和服务之间的通信可以随着系统的成长而不断地扩展。

第12章 意犹未尽

每个人都知道在线上和线下商业活动中需求所固有的高峰和低谷。黑色星期五（感恩节的第二天）是在20世纪60年代创造的一个名字，它标志着假日购物季的开始，“黑”指的是零售商从亏损经营（红色）转到产生利润（黑色）。多年来，互联网上用网络星期一来类比黑色星期五，它指感恩节之后的第一个星期一，代表电子商务公司交易的高峰日。黑色星期五和网络星期一是否真的是大多数零售商本年度转亏为盈的日子暂无定论。但有一件事对几乎所有的零售商来说是真实的：黑色星期五和网络星期一对他们来说非常重要，对这些日子的系统能力必须计划清楚，而且交易必须仔细监控。任何电子商务老鸟都会告诉你分析和规划高峰期对网店的成功至关重要。无法满足需求不仅会严重影响销售和利润，它还很有可能会让你上《财富》杂志，或者更糟的是，保你出现在CNN和CNBC的一个不受欢迎的时段里。

做好电子商务的容量规划和监控已经很困难了，但它无法与金融服务解决方案必须承受的事件复杂性相比。电子商务解决方案可能有季节性高峰，金融服务既包括这些容易确定的高峰期和规划好的事件，也有完全超出控制的来自外部的计划外“闪电”事件。每日的开市和闭市、收益公告（通常是季报）、年度指数再平衡（罗素指数）、期权到期日（四魔力日）和已知的联邦报告发布或贸易组织会议（例如，美国联邦储备委员会（简称“美联储”）会议关于利率、消费者信心的报告）都是计划好的可能引起海量交易的事件。可能引发金融服务需求激增的外部事件包括地缘政治灾难和公司内部业务的谣言。还记得2013年4月美联社的推特账户被非法侵入后[1]，曾错误地发出了美国总统遭到攻击的报道，市场对此的反应是1%，可见市场对事件的反应有多敏感，会给金融系统带来意料之外的需求。

但不要相信我们的话，听听布拉德·彼得森的战争故事及其经验。布拉德有来自金融服务行业好与坏两方面的经验。布拉德曾在Charles Schwab任执行副总裁兼首席信息官多年，该公司为个人和机构交易者提供服务，现在是纳斯达克的执行副总裁和首席信息官，该公司的业务跨越六大洲，是领先的交易、结算、交易技术、上市、信息和公司服务提供商。在Schwab和纳斯达克之前，布拉德曾与我们共事，担任eBay的副总裁和首席信息官。他在交易下单、交易执行和电子商务方面的经验，使他对波动交易解决方案的容量规划，和对已知和未知事件作出迅速反应而准备的监控解决方案的需求，有着独一无二的洞察力。

“考虑‘闪电崩盘’或‘市场风暴’”，布拉德笑着说。“事实上，‘闪电’或‘风暴’有助于说明我们团队所处的环境是多么艰难。至少从在风暴中幸存下来的角度看，片刻通知后即发生，而原因却毫无头绪。以 2015 年 8 月 24 日为例，人们普遍认为，这是一群急于保护自己的商人的从众心理——保护性的“恐慌购买”。但是原因在疯狂的时刻真的不重要。重要的是，道琼斯指数在开市时下跌了 1100 点。根本无法预测，不能确定某一天什么事情会发生。此外，如果你想要提供服务并实现盈利，就不能只是把无限数量的服务器放在那里待命。无限的容量就是无限的成本。无限的成本就是无限的损失。那又该怎么办呢？

布拉德把解决方案分解成两个重要的变量。“首先要以划算的应急容量来处理这些不可预知的事件及其带来的访问量。在基础设施作为服务之前的旧世界秩序中，像我们这样的大公司会让供应商提供设备，只支付第一次启动和使用它们期间的费用。这样做可以帮助我们处理激增的需求，而不必在需要设备之前就支付这些容量。但是，一旦开始使用，这些系统就开始贬值而且分期偿会影响到财务状况，因为系统在高峰时段以外大多空闲。此外，你必须是购买力远超过供应商的那种大公司，才有可能拿到这样的方案。在以弹性消费为基础的新世界秩序中，我们可以从基础设施即服务的提供者那里租用应付突发请求的容量。当然，我们必须为此事先计划好，确保我们的架构有能力把突发请求送到云上去计算。”

解决方案中的第二个变量是监控事件。布拉德继续说，“在我的经验中，大多数公司监控你能想到的一切，包括 CPU 的利用率、内存、堆大小和网络利用率等。这些东西都很重要，但他们并不会提供信号来指明你即将经历不平凡的事情。如果你想处理不可预知的事件，就需要在市场开始变化时感知到某些东西失去平衡。你需要看到随时间变化的交易请求以及执行的一阶导数和二阶导数与过去相比较的异常行为。这些都是金融服务业可以观察的最重要的与需求相关的信号，必须研发解决方案来监控这些活动并实时报警。业务活动（而不是其下面的系统活动）是某些事情将导致问题发生的最好预兆。这些信号（而不是其余的监控噪音）是现在你需要做点什么的指示。除了实时监控这些关键的业务指标外，网络运营中心还监控国内和国际新闻。我们关注业务做得如何？系统怎么样了？以及在我们控制之外有哪些事件可能会推动业务和系统容量的变化？”

布拉德强调在有价值的信号和他的团队监控的其他噪音之间进行区分的重要性。与企业创造价值密切相关的、质量好的“信号”，有助于布拉德和其他公司的高管，不但发现市场的变化，而且观察到人类行为的显著差异，这可能预示他们必须准备好应对潜在的系统问题或新的外部变量。我们将在规则 49 中对这方面的关键部分进行深入讨论。

规则 46——警惕第三方方案

内容： 扩展自己的系统；不要依赖供应商的解决方案来实现可扩展性。

场景： 每当考虑是否使用来自供应商的新功能或新产品时。

用法： 依靠本书的规则来理解如何扩展，尽可能用最简单的方式使用供应商提供的产品或服务。

原因： 遵循这条规则有三个理由：掌握自己的命运，保持架构的简单，降低总的成本。要知道是客户（而不是供应商）要你对产品的可扩展性和可用性负责。

> **要点：** 不要依赖供应商的产品、服务或系统功能来扩展。保持架构简单，把命运掌握在自己手中，控制住成本。如果依赖供应商的专有扩展解决方案，那么有可能违犯所有这三个规则。

当你在科技公司中沿着管理路径发展时，毫无例外你开始参加供应商的会议，结果发现自己不断地被他们骚扰。全球 IT 支出超过 3.5 万亿美元，预计在 2015 年将下降 5.5%[2]，可以胜算在握地打赌，供应商一定尽可能招聘最好的销售人员，尽最大努力推销自己的产品和服务。这些供应商往往手段高明，真正考虑要保持他们与客户之间的长期合作关系。供应商利用这些关系希望能从与其互动的每个客户那里获取更高的收入和利润。销售人员与你交互的意图是，通过增加总客户群数和在每个客户基础上实现的价值，来增加业务量。这些都是不错的业务，而且我们不能责怪供应商，但想提醒你的是，作为一个技术专家和商业领袖，应该清楚依赖供应商来帮助你实现扩展的利与弊。我们将要讨论避免依赖供应商扩展的三个理由。

首先，我们认为你应该把公司、团队和事业的命运掌握在自己手里。寻找供应商来减轻你的负担可能会导致不良的后果，因为对供应商而言，你只是他的众多客户之一。供应商永远都不会像你自己一样，在第一时间处理危机。作为首席技术官或技术领导，如果经你选择和审核的解决方案失败而造成业务停止，你应该负有同样的责任，尽管你实施的是供应商的解决方案，而不是自己开发的方案。每个产品都有缺陷，也包括供应商提供的解决方案。大多数的软件补丁中99%用于修复错误，而主要的版本留给新功能的发布。就像自己研发的解决方案一样，供应商也得考虑你的问题和所有其他客户问题之间的相对优先级。

不应该下这样的定论：自己应该做每件事，例如编写自己的数据库或防火墙。选择性地使用供应商提供的部分东西，它们比你做得更好而且不是你的核心竞争力。我们最终要讨论的是确保可以拆分你的应用和产品使系统能够扩展，因为要扩展的应该是自己的核心竞争力。关键的区别在于扩展能力是你的责任。相反，构建最好的数据库很少是你的责任。

关于本话题的下一个要点是，就像生活中的大多数事情一样，越简单越好。我们用一个简单的立方体（参见第2章）解释了如何构建可扩展的架构。系统越复杂，就越可能遇到可用性问题。越复杂的系统越难维护，而且维护的成本也越昂贵。集群技术比简单地利用日志传输创建只读副本要复杂得多。回想本书第1章的规则1和规则3："避免过度设计"和"三次简化方案"。复杂的数学问题应该通过简化方案变为简单的问题。架构亦如此——简单、非单体的组件（如供应商提供的自我集群数据库）更复杂，而不是更简单。供应商把单体组件放在架构中，而不是把架构简化成容易解决问题的组件。

第三，让我们来看看通过第三方供应商实施的扩展方案的实际总成本。我们的架构原则之一（也应该是你的一个架构原则）是最具成本效益的扩展方式就是供应商中立。把自己锁定到单一供应商，将使该供应商在谈判中占上风。我们以挑选数据库供应商为例，但实际上这种讨论适用于几乎所有的技术供应商。数据库公司在系统中提供额外功能的原因，是新客户所带来的收入不能满足他们对收入流增长速度的要求。实现该目标的方法是通过一种称为“追加销售”的技术，即让现有客户购买额外的功能或服务。

其中数据库最普遍的附加功能是集群。这是个完美的功能，据称它解决了业务迅速增长的客户需要解决的问题——客户平台的可扩展性。此外，它是供应商专有的解决方案，这意味着一旦开始使用该供应商的集群服务，就不能轻而易举地切换到另一个解决方案了。假设你是一个超级增长公司的首席技术官，该公司需要继续为客户开发新功能，你可能不太熟悉可扩展的架构，当一个供应商大摇大摆地走进来并说有办法解决你最大和最可怕的问题时，你急于与他们合作。而且供应商往往会在第一年的合同中加入这个额外的功能，而使这个合作轻而易举地实现。供应商之所以这样做是因为他们知道这是个诱饵。如果你开始就用他们的技术解决方案实现扩展，你将不会愿意切换，而且他们会在你选择不多的时候大幅度地提高价格。

为了这三个原因——掌握自己的命运，控制额外的复杂性，控制总的拥有成本，我们恳求你考虑不依赖供应商来扩展。如果确实选择了供应商提供的部分解决方案，请谨慎实施他们的产品或服务。考虑在未来的一到三年内如何更换供应商。本书中的规则应该足以帮助你和你的团队学会用简单而有效的方法来开始扩展。

规则 47——梯级存储策略

> **内容：** 将存储成本与数据价值匹配，包括删除价值低于存储成本的数据。

场景： 在设计讨论期间及数据的整个生命周期，应用于数据及其基础存储设施。

用法： 使用近因、频率和货币化分析确定数据的价值。将存储成本与数据价值匹配。

原因： 并非所有数据对业务都有相似的价值，事实上，随着时间的推移，数据的价值经常下降（或很少增加）。因此，我们不应该用单一的存储解决方案以同样的成本存储所有的数据。

要点： 理解和计算数据的价值并将存储成本与该价值匹配很重要。不要为没有股东利益回报的数据支付一分钱。

像处理器一样，存储已经变得更便宜、更快、更密集。因此，一些公司和公司内部的许多组织都认为存储几乎是免费的。事实上，在2002年，市场营销专业人士曾问我们为什么要对电子邮件附件的大小加以限制，而像谷歌和雅虎这样的公司却在推销免费无限制的个人电子邮件产品。我们的答案是双重的，也形成了本条规则的基础。首先，提供这些解决方案的公司希望其产品能通过广告赚钱，还不清楚当要求更多存储时，市场营销人士承诺能有多少额外的收入。其次，也更重要的是，虽然市场营销专业人士认为成本下降到几乎“免费”，实际上，存储仍然还以至少三种方式在消耗成本：存储本身需要花钱购买，它占用的空间需要成本（与把拥有的空间用于具有更高价值的服务相比，我们失去了机会），磁盘驱动器正常工作消耗的电源和热量，这分摊到每个单位的成本增加了，而不是降低了。

与营销的同事讨论这一点，我们发现了一个共同的实现和一个解决问题的方法。实际上，不是每一个数据（或电子邮件）都具有同等价值，无论是用于产品还是后台运行的IT系统。第11章的规则44暗示了这个概念。电子商务系统中的订单历史为这个概念提供了一个很好的例子，数据越旧，它对业务和客户的意义就越小。顾客不太可能回去查看十年前、五年前甚至两年前的购买数据，即便如此，查看的频率也很可能随着时间的推移而递减。此外，与最近的购买信息相比，这些数据对企业在确定产品建议方面的意义不大（除了像车辆这样在一定时间间隔后更新换代的耐用消费品）。鉴于对客户和业务的价值都在减少，它为什么要与最近的数据一样存储在系统上而且耗费同样的成本？

解决方案是应用称为RFM的营销概念，即近因、频率和货币化分析。营销大师们使用该技术向人们提出建议或者搞特价活动，以保持高价值客户快乐，或"激活"那些最近不活跃的客户。我们可以把这个概念扩展到存储需求（或者存储困境）。许多客户告诉我们其预算增长最快的部分和在某些情况下预算中最大的单一部分就是储存。我们将RFM技术应用在他们的业务上，既帮助他们更进一步地了解在存储子系统上驻留的数据，也帮助他们最终通过分层归档和清除的存储策略解决问题。

首先，我们需要了解构成缩写术语RFM的含义。Recency指的是问题中的数据在多久前被访问过。这可能是存储系统中的一个文件或数据库中的一行。Frequency讲的是数据多久被访问一次。有时它表示为访问的平均周期和平均访问周期的倒数——某个时段的访问次数。Monetization一般是指特定数据对业务的价值。当应用到数据上时，这三个术语帮助我们计算整体业务价值和访问速度。正如你所期望的，我们正把专有的立方体应用到另一个问题！通过用类似 RFM 的方法匹配存储类型与数据的价值，高成本的存储映射到立方体的右上角，删除或归档数据映射到立方体的左下角。由此产生的多维数据集如图 12-1 所示。

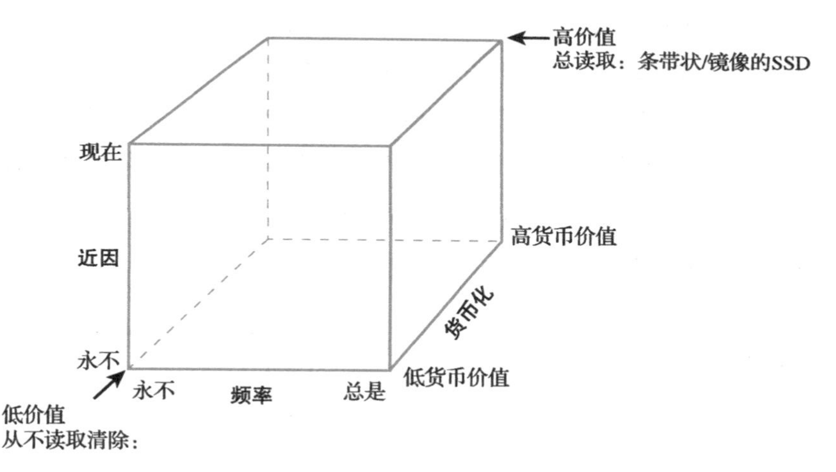

图 12-1　AKF 扩展立方体在 RFM 存储分析上的应用

我们用立方体的 X 轴代表数据的访问频率。该轴从左到右分别表示从未被访问过的数据（或极少）和不断或总是被访问的数据。立方体的 Y 轴标明访问的近因，较低的数值代表永远不被访问的数据，较高的数值代表正在被访问的数据。立方体的 Z 轴代表货币化，从没有价值到非常高的价值。使用立方体作为一种分析方法，我们可以沿立方体的多个维度绘制潜在的解决方案。立方体的左下角和前部分的数据没有价值，并且从未被访问过，这意味着如果监管条件允许，我们应该清除这些数据。为什么要把钱花在无法给业务带来回报的数据上呢？三维立方体的右上部和后面部分标识了最有价值的业务数据。我们尽量把这部分数据存储在具有最高可靠性和最快访问速度的解决方案上，让使用该解决方案的客户交易可以迅速发生。在理想情况下，我们将把这部分数据缓存在某个地方，同时存储在稳定的存储设备上，但底层存储的解决方案可能是目前技术可以支持的最快的固态硬盘（SSD）。这些磁盘可能被配置成条带状和镜像形式以获得好的访问速度和高可用性。

RFM 分析的乘积可能对数据的整体价值产生一个分数。也许它是简单的乘积，或者会添加一些自己的处理办法使其以货币价值的结果呈现出来。采用这个评分值匹配每个解决方案成本的 RFM 值，可能会得到一个类似图 12-2 的价值曲线。

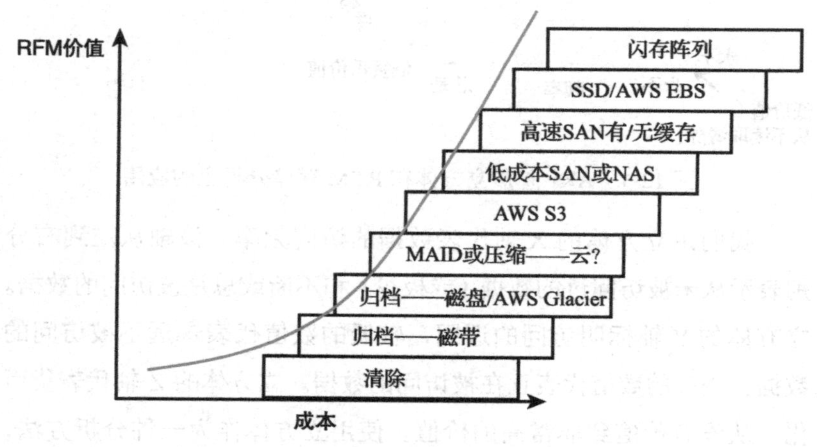

图 12-2　RFM 价值、成本和解决方案曲线

我们清除价值非常低的数据，就像我们在图 12-1 的立方体中分析的那样。价值低的数据存储在速度慢的低成本系统中。如果需

要访问它，总是可以通过离线的方式和通过电子邮件发报告的方式，或任何其他什么方式。价值高的系统速度非常快，但是固态硬盘或存储区域网络的成本相对昂贵。图 12-2 的曲线纯粹是为了说明问题，没有实际的数据。因为数据的价值对不同的业务不一样，而且支持这些数据变化的解决方案的成本随时间的变化而变化，应该制定好自己的解决方案。有些数据可能由于监管或法律原因需要保留一段时间。在这种情况下，我们希望把数据放在最便宜的解决方案上，以满足法律 / 监管要求，而不要让数据稀释股东的价值。

许多商业公司和一些金融服务机构把这个概念应用到保存历史记录的旧数据上。网上银行服务提供者可以将所有的历史交易存储在只读文件系统中，将其从交易数据库中清除。可以查看过去的交易，但不可能对其进行更改、更新或取消。经过一段时间后，比如说 90 天或一年，他们会将你的数据从网上交易系统中移走，你只能通过电子邮件来请求。类似地，电子商务网站经常从数据库中删除已发货并收到货的订单历史，然后在廉价存储系统上保存一段时间。数据不会改变，只会帮助你检查旧的购买记录或再次订购感兴趣的商品。

记住数据老化这一点非常重要，RFM 立方体承认这个事实。因此，它不是一次性地分析，而是一个长期存在的过程。随着数据的老化和价值的递减，我们想要把它移到成本与递减值一致的存储设备上。因此，我们需要有把数据存档或迁往成本较低存储系统的流程和步骤。在极少数情况下，数据的价值实际上可能随着时间的流逝而不断增加，因此，随着时间的推移，我们可能需要系统来把数据移动到成本更高的（更可靠和更快）存储设备上去。确保在架构中解决这些需求。

规则 48——分类处理不同负载

内容： 通过分区和故障隔离，处理独特的工作负载，以最大限度地提高整体可用性、可扩展性和成本效益。

场景： 每当架构中包括分析（归纳或演绎）和产品（批处理或用户交互）解决方案时。

用法： 确保解决方案支持四种基本类型的工作负载（归纳、演绎、批处理和用户交互 / OLTP）而且彼此故障隔离，每种都存在于自己的故障隔离区内。

原因： 每种工作负载都有独特的需求和可用性要求。另外，每种都会影响其他的可用性和响应时间。通过把这些工作隔离在不同故障隔离区，可以确保彼此不冲突，而且每个都可以有自己的架构，并以经济实惠的方式满足其独特的需要。

要点： 归纳是从数据中形成假设的过程。演绎是对数据进行假设检验以确定有效性的过程。归纳和演绎解决方案应分离以获得最佳性能和可用性。同样，批量用户交互和分析工作负载应尽可能分离以获得最好的可用性、可扩展性和成本效益。把分析分成为归纳与演绎准备的解决方案。为每个工作选择正确的解决方案。

我们喜欢将产品和业务工作细分为四大类：归纳、演绎、批处理、用户产品交互（OLTP）。批处理通常是在定时基础上发起的，并且通常运行相对较长的时间，处理许多记录或文件，并执行复杂的计算或验证检查。用户交互事务（又名 OLTP）是用户向一个产品或服务发起请求，而且往往是快速响应的事务处理，如搜索、结算、评价、加入购物车等。归纳和演绎最好通过一个简短的故事来定义。

破窗理论是从 1982 年《大西洋月刊》的文章中得到的名字[3]。文章声称，任何存在破窗户的街区都会招来故意破坏。一旦一个周期的破坏开始，它就很难停下来，而且可能升级到其他罪行。该理论的推论是，专注于较小的罪行（如破坏公物罪），城市可以降低整体犯罪率。纽约市长朱利安尼看似成功的零容忍计划就基于该理论。实施该计划后，纽约的犯罪率下跌到 10 年来的最低水平。麦尔坎·葛拉威尔在《转折点》[4]一书中引用了纽约对破窗理论的实施，进一步说明其理论的正确性。

《大西洋月刊》文章的作者凯琳和威尔逊都很困惑，为什么安排警务人员巡视（这是为了增加警察的存在感和改善秩序）并没有像原来假设的那样使犯罪减少。基于现有的一些心理学研究，他们假设犯罪的证据（如故意破坏）是未来犯罪的最佳指标。其推断是，这样的证据胜过任何可以感知的警察威慑或主动警务。形成假设后，他们开始通过几个社会实验来测试该假设。他们的测试以及后续的测试和验证（如纽约实验），说明了演绎的过程。演绎是以可用数据验证假设以检验其有效性。演绎从数据元素之间关系的广义视图开始，以附加数据或信息（有效或无效关系）结束。

来看看自称“流氓经济学家”的史提芬 D. 莱维特及其合著者

史蒂芬 J. 达布纳，两人均以魔鬼经济学闻名。虽然两位作者都没有否认破窗理论可以对犯罪率下降做出解释，但是他们对把该方法作为犯罪率下降的主要解释表示严重质疑。在纽约奉行零容忍政策的相同十年间内，全美国的犯罪率都在下降。全美国的犯罪率下降发生在实践破窗理论的城市，也发生在那些没有实践该理论的城市。此外，犯罪率下降与警察开支增加或减少无关。因此破窗理论可能不是问题的主要原因。最可能的解释和相关度最高的变量是潜在的罪犯群体减少了。

莱维特和达布纳从归纳而不是演绎开始。归纳从观测一些数据元素开始并试图找出有关数据元素之间的通用（或假设）的关系。而演绎始于假设（例如，“自变量 X 的变化引起因变量 Y 的相应变化”，或者“故意破坏减少所以整体犯罪减少”），归纳回避什么数据元素与试图形成假设相关这个问题（例如，“什么自变量引起因变量 Y 的变化？”或“最能解释犯罪率变化的变量是什么？”）。

归纳与演绎之间并不是互斥的。事实上，两者以循环的方式彼此支持。破窗理论的作者不一定错，只是他们还没有最好的答案。很可能他们是对的，但要比莱维特和达布纳正确的程度要小。归纳不但有助于增大获得最好答案的概率，而且有助于减少可怕的 1 型错误存在——错误地支持假设的正确，而实际上该假设是不正确的。

破窗理论 / 魔鬼经济学理论的比较不但有助于定义归纳和演绎，而且也有助于表明两者都应该出现在分析解决方案中。此外，归纳和演绎的比较也说明要想成功，需求上存在着巨大的差异。回到最初的批处理与交互特性的讨论，你可能会看到类似的分化。从属性上看，归纳更像批处理；与推理相比，我们明显需要更多的数据，并且应用明显可能运行更长时间。同样，推理与 OLTP 有类似的属性，与归纳相比，它比较快而且通常需要较少的数据。

我们已经讨论了归纳、演绎、批处理和 OLTP 事务在数据大小和运行时间 / 响应时间上可能会有所不同。其中每个出故障都有可能对企业产生不同程度的影响。在大多数情况下，OLTP 事务处理提供消费者需要的基本功能。因此，确保“前门”始终开放，从而让客户进行事物处理，通常是四种交易类型中最重要的。批处理通常也非常重要，虽然它们在处理时间上往往有一点延迟，但对整体客户的使用没有相同的影响。推理系统通常在业务重要性的优先级上排第三，如在分析系统中对关系的连续测试（如对欺诈模型的连续测试）可能对最终产品解决方案是重要的。从可用性角度来说，归纳系统一般是最不重要的，因为假设我们寻求对变量之间新的理解拖延了一天，这不太可能会有接近其他三个系统的影响。

这四种系统在业务价值、性能和数据特性方面的层次性，需要从架构上设计四种明显不同而且尽可能彼此故障隔离的环境。根据经验我们知道，在非常大的数据集上缓慢运行的事务处理，经常与在较小数据集上运行的需要及时完成的事务处理，竞争资源并产生干扰，否则这些事务处理可以快速完成。因此，应该把支持归纳的应用从演绎系统中拆分出来，把支持批处理的应用从 OLTP 系统中拆分出来。此外，由于价值（重要性）可能不同，因此我们不希望最不重要（但还有价值）解决方案的架构受限于最重要解决方案的成本。OLTP 系统的恢复时间目标（RTO）和恢复点目标（RPO）

与支持归纳系统相比可能是较小的数量级（换句话说，需要更快地恢复并且数据丢失较少）。对主要面对用户的产品，可能只希望秒级的停机时间，而对支持异步或寻找模式的活动，也许我们可以允许几个小时的停机时间。

总之，我们相信开发得当的分析（或“大数据”）系统认识到归纳和演绎的需要。如果开发得当，这些解决方案认识到归纳和演绎在行为、期望的响应时间和可用性需求方面如此不同，它们就应该在不同的故障隔离环境上开发相应的解决方案以适应其需要。批处理和 OLTP 处理也应尽可能做类似的分离，从而产生批处理、OLTP、归纳和演绎四种独特的环境。在实施这类故障隔离环境的过程中，可以通过减少工作量竞争来提高可用性，增加满足每个解决方案独特需求的可扩展性，并通过实施适合各自业务需求的可用性架构，来降低整体所有解决方案的成本。

规则 49——完善监控

内容： 想想在设计时需要考虑什么才能监控应用。

场景： 每当添加或更改代码库的模块时。

用法： 在系统中适当埋点以记录事务的时间。

原因： 深入了解应用的性能将有助于在出现故障时回答许多问题。

要点： 把必须监控应用作为一条架构原则。另外，看看整体监控策略从确保可以回答：“有问题吗？”“问题在哪里？”和“什么问题？”

说到监控，大多数SaaS公司始于安装开源的监控工具，仅举几例，如Cacti、Ntop或Nagios。这对检查网络流量或服务器的CPU和内存是个很好的方式，但需要有人留意监控器。大多数公司的下一个阶段是建立自动报警系统，这是向前迈出的很好一步。这么做的问题是假如遵循这些步骤，当服务器开始消耗太多内存的时候，深夜呼叫至少一个人起来解决问题。如果反应是“好！”那么请考虑一下“网站是否有正在影响客户的问题？”和“有多大的影响？”现实是依靠此处描述的监控器类型，根本无法知道问题的答案。这些监控器既帮不上布拉德·彼得森来应对闪电崩盘和市场风暴，也无法帮助你了解是否有事件发生。

服务器的CPU或内存使用率很高，但这并不意味着网站上的客户有任何问题。尽管对系统在夜里的每个警报予以响应好过忽略它们，但是最好的解决办法是，知道这些报警对客户的实际影响，以确定最合适的响应措施。实现这一目标的方法是从业务指标的角度监控系统。例如，电子商务网站可能希望监控购物车内商品的数量，或每次购买的总价值（每秒钟、每分钟、每10分钟等）。拍卖网站可能需要监控登记拍卖的商品数，或单位时间内对该商品的搜索次数。正确的数据采集时间间隔单位是，数据点足以平滑分布，以确保正常变化不会掩盖真实问题。当在图上绘制这些业务指标时，要和一周前的数据（周对周）做对比，这样可以很容易看出问题。

图12-3显示了某网站的新账户注册情况。实线代表上周的数据，虚线代表本周的数据。注意，大约从上午9:00开始流量下降，持续到下午3:00。从这个图可以很明显地看出该网站有问题。如果问题的原因是与ISP相关的网络问题，监控服务器将捕捉不到；在

有问题的 6 小时里，系统的 CPU 和内存正常，因为其上的处理活动几乎没有。绘制这些数据后的下一步是设置一个自动检查，把今天的值与上周的值进行比较，如果结果具有统计学意义，就发出警报[5]。

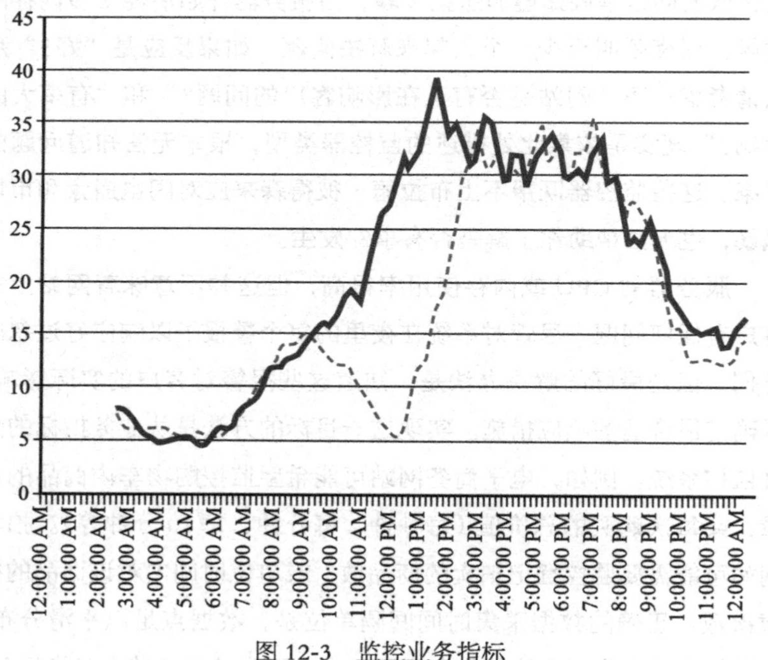

图 12-3　监控业务指标

通过监控业务指标也把业务的关联性直接交给了负责构建系统的技术人员和工程师。通过显示业务监控指标图，技术人员不但可以很容易地看到是什么在推动业务，而且当业务受到影响时也可以近实时地洞察自己的变更（代码、网络或系统）是如何影响这些指标的。在前面的例子中，如果团队在低流量期间进行只影响到某些注册用例的代码更改，在更多客户访问网站之前，可能注意不到问题的重要性。

一旦知道有问题影响到客户，就能作出适当的反应，并开始问如果其他监控设计好了可以回答的问题。这些问题包括：“问题出在哪里？”和“什么问题？”图 12-4 显示了两个三角形。左面那个代表问题的范围，右面那个代表需要多少数据才能回答某个问题。回答“有问题吗？”不需要太多的数据，但是范围很大。这是先前讨论过的，最好的答案来自于对业务指标的监控。下一个问题（“问题出在哪里？”）需要更多的数据，但其范围比较小。这是监控的应用有助于提供答案的水平。本章后面会更详细地说明这一点。最后一个问题（“什么问题？”）需要最多数据，但其范围最窄。这是 Nagios、Cacti 和其他工具可以回答的。

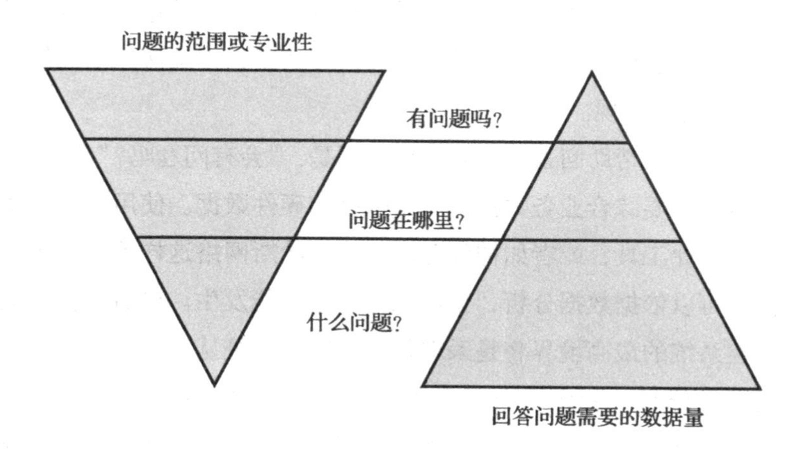

图 12-4　监控的范围与数据量

第 4 章的规则 16 讨论了设置异常陷阱、记录数据及监控日志的重要性。我们将通过讨论如何不但要捕获错误和异常而且要把“设计好监控”作为架构原则来扩展这个概念。应用代码应该使得很容易埋点以观察事务执行中的异常，如 SQL、API、远程过程调用（RPC）或调用方法。一些最好的监控系统在事务处理的前后，通过异步调用记录开始时间、事务类型和结束时间。然后把这些数据发布到消息总线或者消息队列上由监控系统处理。跟踪和绘制数据可以为回答“问题在哪里？”给出各种类型的见解。

一旦掌握了如何回答这三个问题——“有问题吗？”“问题在哪里？”和“什么问题？”就可以回答其他一些高端的监控问题。首先是“为什么会有问题？”这个问题通常在事后分析过程中会提出来，我们曾在第 7 章的规则 27 中讨论过。在进行持续部署时，需要比通常分析得更快才能解决问题。团队必须要从回答“为什么？”中吸取经验教训以进入下一个小时的代码发布。从回答这个问题中所学到的，可能包括增加另一轮冒烟或回归测试，以确保未来类似的 bug 在部署前发现。

监控可以帮助回答的最后一个问题是：“会有问题吗？”这种类型的监控需要综合业务数据、应用数据和硬件数据。使用像控制图这样的统计工具，或者如神经元网络或贝叶斯网络这样的机器学习算法，可以依据数据分析，预测问题是否可能发生。最后一步，也许监控系统的最高境界将是采取行动，即当系统认为可能会发生问题时自我修复。考虑到今天大多数公司的自动故障转移还是一团糟，以及仍然存在故障监控不得当的现实情况，我们知道自动化或自愈系统还有很长的路要走。

虽然预测问题听起来很像有趣的计算机科学项目，但是在所有其他监控步骤到位并且运转良好之前，你连想都不要想。用业务指标从客户角度开始监控。这将使你从对所有其他的监控合适的反应水平开始。

规则 50——保持竞争力

> **内容：** 让架构的每个组成部分都有竞争力或认同竞争力。
>
> **场景：** 任何在线交付的解决方案。
>
> **用法：** 对产品的每个组件，确定团队的责任和该组件的竞争力水平。
>
> **原因：** 对客户而言，每个问题都是你的责任。不能怨供应商。你提供的是服务，而非软件。
>
> **要点：** 不要把竞争力与自建还是购买或核心还是外围的决策混淆。可以购买解决方案，但必须在部署和维护时保持竞争力。事实上，客户要求你这样做。

也许你认为这条规则不言而喻。“我们当然是称职的，否则怎么能生存？”为了讨论这个规则，我们假定有一个互联网平台，它提供某种形式的 SaaS 服务，诸如电子商务服务、金融服务或其他线上交付的解决方案。

该团队对所用的负载均衡器的了解有多少？你多久寻求一次外援来解决问题？或者你多长时间才能搞清楚应该如何在这些负载均衡器上实施某些东西？数据库怎么样？开发人员或数据库管理员是否知道如何发现哪些表需要索引以及哪些查询执行缓慢？你知道应

该如何在文件系统中移动表以减少资源争用和提高整体产能吗？应用服务器怎么样？谁是解决那些问题的专家？

也许所有这些问题的答案是，你真的不需要做那些事情。也许你读过书，包括至少一本这些作者写的，这表明你应该发现那些可以对价值产出有区分能力并且专注的领域。确定某事是“非核心”的，或者应该购买而非自建的解决方案（如自建与购买的决定）不应该与团队在购买的技术上是否有竞争力混淆。使用第三方或开源数据库绝对有道理，但这并不意味着没必要理解和具备能力操作数据库并且排除数据库故障。

客户希望你为他们提供服务。为此，开发独特软件并创建服务是达到这个目的一种手段。于是最终你进入了服务业。别搞错了。这是一种满足用户需求的思维模式，如果不能满足用户需求，那么公司经营情况就会恶化甚至倒闭。Friendster 聚焦在 F 图上，它试图通过复杂的解决方案来计算社交网络关系，这至少是 Facebook 赢得私人社交网络比赛的原因之一。这个聚焦的核心是许多软件公司持有的态度，聚焦解决具有挑战性的 F 图问题。当试图以接近实时的方式计算关系时，这个焦点导致网站的数次服务中断，或者导致非常慢的响应时间甚至造成系统停止服务。与聚焦服务相对比，可用性和响应时间比任何功能都重要。软件仅仅是提供服务的手段。

但在现实世界里，需要的不仅仅是软件。基础设施对于以高可用方式按时处理事务也非常有帮助。只是因为我们可能过于专注于某个问题的解决方案，所以可能忽略了架构中提供服务的其他组件。如果必须在软件方面有竞争力才能交付服务，那么就必须要精通其他所有一切以交付服务。客户期望获得优质的服务。他们不理解，也不在乎你有没有研发而且也不精通架构中出故障的特定组件。SaaS领域对交付软件的传统思维模式做了重新定义，要求不但在软件和基础设施团队之间消除鸿沟，而且在构建的组件与购买的组件或合作伙伴提供的整个解决方案之间消除鸿沟。

因此，尽管不需要开发解决方案中的每一块（事实上，也不应该开发每一块），但是我们需要了解每一块。对自己所用的一切，我们需要知道如何正确地使用和妥善地维护，并且在发生故障时知道如何立即恢复服务。这可以通过在自己的团队里培养这些技能或者通过建立合作关系来获得帮助。队伍越大，越依赖可能会有问题的组件，内部有一些专家也就越重要。团队越小，组件越不重要，就更愿意把专业知识外包。但在依赖合作伙伴帮助的情况下，这种关系需要超越大多数设备供应商可以提供的。启动的简单方法是确保每个组件都有“所有者”，无论是一个人还是一个团队。快速梳理所有的服务并且为每个无主服务分配所有者。服务提供者需要很在意。换句话说，当服务失败时，服务提供者需要感受到你的痛苦和客户的痛苦。而当客户尖叫着要求你恢复服务时，不能在提供二级支持的等候队列中发现你。

总结

本章混合了较多非常重要的规则，它们不适合放在其他章中。从提示避免让供应商通过他们的产品提供可扩展解决方案开始，接着建议把业务逻辑保存在最适当的地方，适当地监控，最后是保持竞争力，我们涵盖了各种各样的话题。尽管所有这些规则都很重要，也许没有其他规则比规则 50 更有能力地把它们整合在一起。理解与实施这 50 条规则是确保你和你的团队有能力使系统可以扩展的好方式。

注释

1. Edmund Lee, "AP Twitter Account Hacked in Market-Moving Attack," Bloomberg Business, April 24, 2013, www.bloomberg.com/news/articles/2013-04-23/dow-jones-drops-recovers-after-falsereport- on-ap-twitter-page.
2. " Gartner Says Worldwide IT Spending to Decline 5.5 Percent in 2015, " Gartner Newsroom, June 30, 2015, www.gartner.com/newsroom/id/3084817.
3. George L. Kelling and James Q. Wilson, " Broken Windows: The Police and Neighborhood Safety," The Atlantic, March 1982, www.theatlantic.com/magazine/archive/1982/03/broken-windows/304465/.
4. Malcolm Gladwell, *The Tipping Point: How Little Things Can Make a Big Difference* (Boston: Little, Brown, 2000).
5. 意思是数据不可能偶然发生。Wikipedia, " Statistical Significance, " http://en.wikipedia.org/wiki/Statistical_significance.

第13章 谋定而动

除了作为一个方便的完整规则集来供未来参考外，本章还将介绍一种可以分析这些规则在架构中应用的方法。如果是从零开始，我们强烈建议在你的产品中使用这50条规则，这么做是有意义的。应该对服务需要扩展的规模加以考虑，因为准备不需要的扩展浪费公司资产，应该避免。如果试图以演进的方式重构现有系统，以获得更大的可扩展能力，那么风险收益分析方法在这里有助于确定在重构过程中应用这些规则的优先级。

用风险收益模型评估可扩展性项目和举措

在开始描述风险收益模型之前，先让我们先回顾一下为什么我们对可扩展性感兴趣。想要有高度可靠和可用的（对某些特定或隐含的服务质量指标）产品或服务（即使在中等到极端的条件下增长），这就是为什么要投资以使产品可以扩展。如果对网站需求增加会对产品可用性或服务质量发生什么影响不感兴趣，那么我们就不会对试图扩展有兴趣。但是我们大多数人认为，美国州政府在实施机动车辆管理部门服务的解决方案时就是这么做的。美国州政府似乎并不在意人们会在需求高峰期排队等待数小时。他们也不关心提供服务的个人看起来似乎非常关心客户。政府知道客户想开车就必须使用它提供的服务，任何不满意而离开的客户只能再找另一天回来。但是我们构建的大部分产品不会有这种受国家认可和保护的垄断。因此，我们必须关心可用性和可扩展性。

对可用性和可扩展性方面的关注代表了我们的风险观。因无法扩展而导致的风险事件表现为对服务质量或可用性的威胁。计算风险的方法是，用某个问题发生的概率乘以它假如发生而产生的影响（或从风险演变成事件）。图 13-1 显示了这种分解风险的方法。影响可以分解成组件的停机时间（服务不可用时间）、数据丢失的百分比和受影响的响应时间。影响的百分比可能进一步细分为受影响客户的百分比和受影响功能的百分比。当然，还有进一步分解的可能性。例如，有些客户可能会提出许可证或交易费用方面受到更大的影响。此外，停机时间可能比响应时间有不同的权重，数据丢失可能比这两个的影响都严重。

这种模式并不是对所有企业都适用。而是要证明一种方法，你可以建立一个模型以帮助确定对业务应该专注哪些事情。在介绍如何使用该模型之前有个简单的提示：我们强烈建议企业在确定系统的实际可用性时，计算它对收入的实际影响。例如，如果你能证明在某一天失去了预期收入的 10%，就应该说可用性是 90%。自然时间是个可怕的可用性度量，因为它同等对待每天的每个小时，大多数企业的流量或事务处理收入产出分布得并不均匀。一个简单的计算方法是通过监控一组代表服务使用量的事务处理。例如，电子商务服务可能监控商品添加到购物车或结账。通过比较今天与昨天的用量或今天与上星期同一天的用量，可以迅速确定服务瘫痪的影响。现在我们继续前面的讨论。

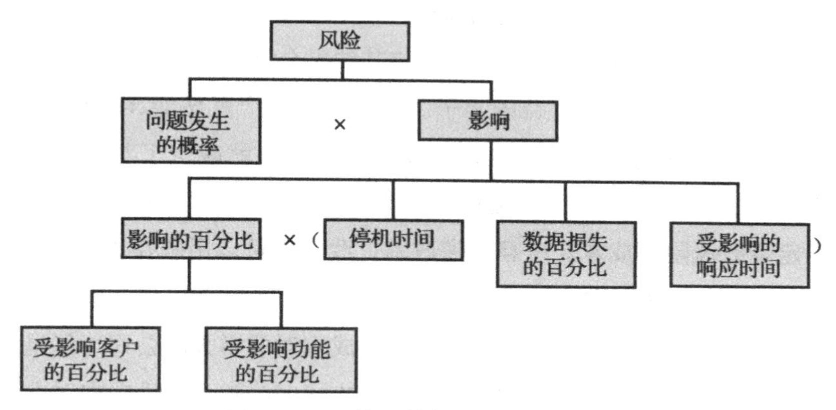

图 13-1　可扩展性与可用性风险分解

图 13-1 中的终端节点（无子节点）是风险树中的叶子：问题发生的概率、受影响客户的百分比、受影响功能的百分比、停机时间、数据丢失的百分比、受影响的响应时间。我们可以看到许多规则映射到这些叶子上。例如，规则 1 通过确保系统简洁容易理解，所以不太可能有问题，从而降低问题发生的概率。由于解决方案可能更容易定位和解决问题，因此减少了停机时间。用稍微主观的分析，我们可能决定这个规则的风险影响较小（或低），对问题发生概率的影响中等。其结果可能是整体规则对风险有中等程度的影响（低等 + 中等≈中等）。

我们想用一分钟时间来解释一下到底是如何得出这个结论的。

答案是我们使用了简单的高、中、低分析。这并不高深莫测，也没有什么魔法，我们只是凭借如何能把规则应用到分析树的经验，这些树是根据我们对风险和可扩展性的特定理解而开发的。尽管答案大体上是主观的，但它凝聚了我们合作伙伴 70 年的经验。你当然也可以投入资源建立更确定的模型，但与一个聪明的团队确定这些规则如何影响风险相比，我们不相信其结果会好到哪里去。

假设风险变化是利益的影子。在商界这是个耳熟能详的概念，所以在此不赘述。一句话，如果能降低风险，就减少了对业务产生负面影响的机会，因此会增加实现目标的概率。现在要做的是确定降低风险的成本。一旦知道成本，我们就可以用利益（降低风险）减去研发解决方案的成本。该组合产生了工作优先级。我们建议把成本简单地按高、中、低分类。高成本对非常大的公司可能是 1000 万美元，对非常小的公司可能超过 10000 美元。低成本对非常大的公司可能低于 100 万美元，对非常小的公司可能接近于零。这往往源于研发活动的人日成本。例如，如果研发人员的平均工资和福利成本是每年 10 万美元，假设每年研发人员有大约 250 个工作日，那么每个人日成本是 400 美元。

优先级公式就变成“风险降低”减去成本等于优先级（或 R－C = P）。表 13-1 展示了如何计算 9 种组合的风险和成本以及由此而产生的优先级。选择的方法很简单。风险和成本相当时，利益设为中等，优先级设置为中间数 3。“风险降低”比成本高两级，利益设置为非常高，而优先级设置为 1。“风险降低”比成本低两级（低风险，高成本），利益设置为非常低，优先级设置为 5。值为一级要么利益设为低（“风险降低”为低，而成本为中等），优先级为 4；

要么利益设为高（“风险降低”为中等，而成本为低），优先级为2。优先级最低的项目有最高的利益，这是我们优先要做的事情。

表13-1 风险降低、成本和利益计算

风险降低	成　本	结果利益 / 优先级
高	高	中 / 3
高	中	高 / 2
高	低	非常高 / 1
中	高	低 / 4
中	中	中 / 3
中	低	高 / 2
低	高	非常低 / 5
低	中	低 / 4
低	低	中 / 3

使用前面描述的方法，我们现在将对50条规则进行评估。下一节把每章的每条规则重复列出，加上对“风险降低”和成本的估值以及利益 / 优先级的计算结果。如前所述，我们获得这些数值的方法浓缩了70多年来和超过400家公司合作的经验，并在我们AKF伙伴的咨询实践中不断地成长。特定的“风险降低”、成本和利益可能会有所不同，我们鼓励你计算并设置自己的优先级。我们的估计应该适用于想知道今天该做什么的以行动为导向的小公司。请注意，这些估计是对现有解决方案的重新计算。从零开始的成本差别很大，通常成本较低但具有同等的利益。

出于讨论的完整性，还有许多其他确定成本和利益的方法。例如，可以用达成公司某个具体KPI（关键绩效指标）的能力来取代“风险降低”的概念。如果有一个关于产品（纯网络应用的企业应该有）可扩展性和可用性的 KPI，前面的方法仍将适用。如果是具有合同义务的企业，另一种方法可能是确定达不到合同中列出的具体 SLA（服务水平协议）的风险。还有许多其他的可能性存在。选择正确的方法来确定业务的优先级并不断地努力吧！

50 条可扩展性规则简述

以下是对本书中 50 条可扩展性规则的回顾。可以作为对每条规则的快速参考，包括规则的内容、场景、用法、原因以及要点。此外，与前面的讨论一致，我们从“风险降低”、实施成本、由此而产生的利益以及实施的优先级等角度，对每条规则进行了评估。

规则 1——避免过度设计

内容： 在设计中要警惕复杂的解决方案。

场景： 适用于任何项目，而且应在所有大型或者复杂系统或项目的设计过程中使用。

用法： 通过测试同事是否能够轻松地理解解决方案，来验证是否存在过度设计。

原因： 复杂的解决方案实施成本过高，而且长期的维护费用昂贵。

要点： 过于复杂的系统限制了可扩展性。简单的系统易维护、易扩展且成本低。

风险降低： 中

成本：低

利益和优先级：高 / 2

规则 2——方案中包括扩展

内容：提供及时可扩展性的 DID 方法。

场景：所有项目通用，是保证可扩展性的最经济有效的方法（资源和时间）。

用法：

- Design（D）设计 20 倍的容量。
- Implement（I）实施 3 倍的容量。
- Deploy（D）部署 1.5 倍的容量。

原因：DID 为产品扩展提供了经济、有效、及时的方法。

要点：在早期考虑可扩展性可以帮助团队节省时间和金钱。在需求发生大约一个月前实施（写代码），在客户蜂拥而至的几天前部署。

风险降低：低

成本：低

利益和优先级：中 / 3

规则 3——三次简化方案

内容：在设计复杂系统时，从项目的范围、设计和实施角度简化方案。

场景：当设计复杂系统或产品时，面临着技术和计算资源的限制。

用法：

- 采用帕累托（Pareto）原则简化范围。
- 考虑成本优化和可扩展性来简化设计。
- 依靠其他人的经验来简化部署。

原因：只聚焦“不过度复杂”，并不能解决需求或历史发展与沿革中的各种问题。

要点：在产品研发的各个阶段都需要做好简化。

风险降低：低

成本：低

利益和优先级：中 / 3

规则 4——减少域名解析

内容：从用户角度减少域名解析次数。

场景：对性能敏感的所有网页。

用法：尽量减少下载页面所需的域名解析次数，但要保持与浏览器的并发连接平衡。

原因：域名解析耗时而且大量解析会影响用户体验。

要点：减少对象、任务、计算等是加快页面加载速度的好办法，但要考虑好分工。

风险降低：低

成本：低

利益和优先级：中 / 3

规则5——减少页面目标

内容：尽可能减少网页上的对象数量。

场景：对性能敏感的所有网页。

用法：

- 减少或者合并对象，但要平衡最大并发连接数。
- 寻找机会减轻对象的重量。
- 不断测试确保性能的提升。

原因：对象数量的多少直接影响网页的下载时间。

要点：对象和服务对象的方法之间的平衡是一门科学，需要不断地测量和调整。这是在客户的易用性、可用性和性能之间的平衡。

风险降低：低

成本：低

利益和优先级：中 / 3

规则6——采用同构网络

内容：确保交换机和路由器源于同一供应商。

场景：设计和扩大网络。

用法：

- 不要混合使用来自不同OEM的交换机和路由器。
- 购买或者使用开源的其他网络设备（防火墙、负载均衡等）。

原因：节省的成本与间歇性的互用性及可用性问题相比不值得。

要点： 异构网络设备容易导致可用性和可扩展性问题，选择单一供应商。

风险降低： 高

成本： 高

利益和优先级： 中 / 3

规则 7——X 轴扩展

内容： 通常叫水平扩展，通过复制服务或数据库以分散事务处理带来的负载。

场景：

- 数据库读写比例很高（可以达到至少 5:1 甚至更高——越高越好）。
- 事务增长超过数据增长的系统。

用法：

- 克隆服务的同时配置负载均衡器。
- 确保使用数据库的代码清楚读和写之间的区别。

原因： 以复制数据和功能为代价获得事务的快速扩展。

要点： X 轴拆分实施速度快，研发成本低，事务处理扩展效果好。然而，从运维角度来看，数据的运营成本比较高。

风险降低： 中

成本： 低

利益和优先级： 高 / 2

规则8——Y轴拆分

内容： 有时也称为服务或者资源扩展，本规则聚焦在沿着动词（服务）或名词（资源）的边界拆分数据集、交易和技术团队。

场景：

- 数据之间的关系不是那么必要的大型数据集。
- 需要专业化拆分技术资源的大型复杂系统。

用法：

- 用动词来拆分动作，用名词拆分资源，或者两者混用。
- 沿着动词/名词定义的边界拆分服务和数据。

原因： 不仅允许事务及其相关的大型数据集有效扩展，也支持团队的有效扩展。

要点： Y轴或者面向数据/服务的拆分允许事务和大型数据集的有效扩展，有益于故障隔离。Y轴拆分也有助于减少团队之间的非必要沟通。

风险降低： 中

成本： 中

利益和优先级： 中/3

规则9——Z轴拆分

内容： 经常根据客户的独特属性（例如ID、姓名、地理位置等）进行拆分。

场景： 非常大而且类似的数据集，如庞大而且增长快速的客户群，或者当响应时间对在地理上广泛分布的客户变得很重要的时候。

用法： 根据所知道的客户的属性（例如 ID、名，地理位置或设备）对数据和服务进行拆分。

原因： 客户的快速增长超过了其他形式的数据增长，或者在扩展时，需要在某些客户群之间进行必要的故障隔离。

要点： Z 轴拆分对扩大客户基数的效果明显，也用在其他那些无法使用 Y 轴拆分的大型数据集上。

风险降低： 高

成本： 高

利益和优先级： 中 / 3

规则 10——向外扩展

内容： 向外扩展是通过复制或拆分服务或数据库而分散事务负载的方法，与此相对的是向上扩展，即通过购买更大的硬件而实现的扩展。

场景： 任何预计会迅速增长或想追求低成本高效益的系统、服务或数据库。

用法： 用 AKF 扩展立方体因地制宜确定正确的拆分方法，通常最简单的是水平拆分。

原因： 以复制数据和功能为代价实现事务的快速扩展。

要点： 让系统向外扩展，为成功铺好路。期待能向上扩展，结果却发现自己跑得越来越快，已经无法再购买到更快和更大的系统，千万不要掉进这个陷阱。

风险降低： 中

成本： 低

利益和优先级： 高 / 2

规则 11——用商品化系统（金鱼而非汗血宝马）

内容： 尽可能采用小型廉价的系统。

场景： 在超高速增长的生产系统采用该方法，在比较成熟的产品中以此为架构原则。

用法： 在生产环境中远离那些庞大的系统。

原因： 可快速和低成本增长。只采购必要的容量，不浪费在尚未明确的容量需求上。

要点： 构建能够依靠商品化硬件的系统，不要掉进高利润和高端服务器的陷阱。

风险降低： 中

成本： 低

利益和优先级： 高 / 2

规则 12——托管方案扩展

内容： 把系统部署到三个或更多活的数据中心，以降低总体成本、增加可用性并实现灾难恢复。数据中心可以是自有设施、托管或云计算（IaaS 或 PaaS）实例。

场景：任何正在考虑添加灾难恢复数据中心（冷备）的快速增长的业务，或希望通过三数据中心方案优化成本的成熟业务。

用法：根据 AKF 扩展立方体来扩展数据。以“多活”方式配置系统。使用 IaaS/PaaS（云计算）来解决突发容量问题，新投资或者作为三数据中心方案的一部分。

原因：数据中心故障的成本对业务的影响可能是灾难性的。三个或更多个数据中心的解决方案的成本通常比两个数据中心少。考虑使用云计算作为部署之一，高峰流量来临时向云扩展。拥有基础流量的设施；租赁解决高峰流量的设施。

要点：在实现灾难恢复时，可以通过系统设计实现三个或更多个活跃数据中心以降低成本。IaaS 和 PaaS（云计算）可以快速地扩展系统，应用于高峰需求期。通过系统设计确保如果三个数据中心中只要两个可用，则功能完全不受影响。如果系统扩展到三个以上数据中心，则为 N-1 个数据中心可用，功能完全不受影响。

风险降低：高

成本：高

利益和优先级：中 / 3

规则 13——利用云

内容：有目的地利用云技术按需扩展。

场景： 当需求是临时的、突增的、偶发的，响应时间不是产品的核心问题。要将其当成是“租用风险”——新产品对未来需求的不确定性，需要在快速改变或放弃投资间抉择。公司从双活向三活数据中心迁移时，云可以作为第三数据中心。

用法：

- 采用第三方云环境应对临时需求，如季节性业务变动、大的批处理任务或者是测试中需要的 QA 环境。
- 当用户请求超过某个峰值时，把应用设计成可以从第三方云环境对外提供服务。扩展云以应对高峰期，然后再把活跃的节点数减少到基本水平。

原因： 在云环境中配置硬件需要几分钟，在自己的托管设施配置物理服务器需要几天甚至几周。当临时使用时，云的成本效益非常高。

要点： 在所有网站中利用虚拟化，并在云中扩展以应付意想不到的突发需求。

风险降低： 低

成本： 中

利益和优先级： 低 / 4

规则 14——适当使用数据库

内容： 当需要 ACID 属性来保持数据之间的关系和一致性时，可以使用关系型数据库。其他数据的存储需要考虑更适合的工具，如NoSQL DBMS。

场景： 当在系统架构中引入新数据或数据结构时。

用法： 考虑数据量、存储量、响应时间长短、关系和其他因素来选择适当的存储工具。也要考虑数据结构以及产品需要对数据进行的管理和操作。

原因： 关系型数据库提供了高度的事务完整性，但是成本很高，难以扩展，而且与其他许多可选的存储系统相比可用性较低。

要点： 使用合适的数据存储工具。不要因为易访问而用关系型数据库存储所有数据。

风险降低： 中

成本： 低

利益和优先级： 高 / 2

规则15——慎重使用防火墙

内容： 只有在能够显著降低风险时才使用防火墙。要认识到防火墙会导致可扩展性和可用性的问题。

场景： 总是。

用法： 可以使用防火墙来满足关键的PII、PCI（支付卡行业）的合规性要求。不要用在低价值的静态内容防护上。

原因： 防火墙会降低可用性并引起不必要的可扩展性瓶颈。

要点： 防火墙虽有用，但常被滥用，设计和实施不当会带来可用性和可扩展性问题。

风险降低：中

成本：低

利益和优先级：高 / 2

规则16——积极使用日志文件

内容：使用应用日志文件来诊断和预防问题。

场景：制订监控日志文件的过程，迫使人们对发现的问题采取行动。

用法：使用任何监控工具，从自定义脚本到Splunk或者ELK框架，监视应用日志中的错误。导出这些错误信息，然后安排资源去确定和解决问题。

原因：日志文件是有关应用执行的绝好信息来源，不要轻易抛弃。

要点：若充分利用好日志文件，生产问题将越来越少，且当问题出现时可迅速定位解决。

风险降低：低

成本：低

利益和优先级：中 / 3

规则17——避免画蛇添足

内容：避免翻来覆去地检查刚完成的工作或马上读取刚写入的数据。

场景：总是（参考下面的解释）。

用法： 避免为了确认操作是否有效而读取刚写入的数据，如近期处理需要，可把数据存储在本地或分布式缓存。

原因： 与不太可能出现的操作失败所产生的成本相比，确认操作成本更高。而且这类活动与有效扩展相背离。

要点： 永远不要为确认操作是否有效而读取刚刚写入的数据。相信持久层会对写入的相关数据出现无法读取或操作失败时发出通知。通过把数据储存在本地而避免对近期写入的数据进行其他类型的读操作。

风险降低： 低

成本： 中

利益和优先级： 低 / 4

规则 18——停止重定向

内容： 如有可能，避免重定向；确实需要时，采用正确的方法。

场景： 总是。

用法： 如需要重定向，考虑通过服务器配置来实现，而不是利用 HTML 或者其他基于代码的解决方案。

原因： 总体说来，重定向会延迟用户进程，消耗计算资源，造成错误，不利于页面在搜索引擎中的排名。

要点： 正确而且仅在必要时使用重定向。

风险降低： 低

成本： 低

利益和优先级： 中 / 3

规则19——放宽时间约束

内容： 尽可能放宽系统中的时间约束。

场景： 当考虑在用户操作步骤之间，某些项目或对象必须保持某种状态的约束时。

用法： 放宽业务规则的约束。

原因： 因为大多数关系型数据库的ACID属性，要扩展带有时间约束的系统难度极高。

要点： 认真考虑诸如某个产品从用户查看开始，到购买为止的时间约束的必要性。与让用户有些失望相比，系统因无法扩展而停止服务相比更为严重。

风险降低： 高

成本： 低

利益和优先级： 非常高 / 1

规则20——利用CDN缓存

内容： 用CDN（内容分发网络）来减少网站的负载。

场景： 速度提升和可扩展性水平的提高可以平衡额外的成本。

用法： 大多数CDN借助DNS为网站提供内容。因此可能需要在DNS上做些小改动或者添加记录，以便把提供内容的网址迁移到新的子域名上。

原因： CDN有助于平缓流量高峰，而且常常是网站部分流量扩展比较经济的方法。常用于改善网页下载时间。

要点： CDN是快速而且简单的平缓高峰流量和一般流量增长的方式。确保进行成本效益分析，同时监控CDN的使用量。

风险降低： 中

成本： 中

利益和优先级： 中 / 3

规则21——灵活管理缓存

内容： 使用Expires头来减少请求量，提高系统的可扩展性和性能。

场景： 所有的对象类型都需要考虑。

用法： 可以通过应用代码在网络服务器上设置头字节。

原因： 减少对象请求可提高用户页面性能并减少系统必须处理的单用户请求数。

要点： 对每类对象（图片、HTML、CSS、PHP等），根据目标可缓存时间安排最合适其时间长度的头字节。

风险降低： 低

成本： 低

利益和优先级： 中 / 3

规则22——利用Ajax缓存

内容： 适当使用HTTP响应头以确保Ajax调用可以缓存。

场景： 除了因为数据刚更新过，所以绝对需要实时数据以外的任何 Ajax 调用。

用法： 适当调整 Last-Modified、Cache-Control 和 Expires 头。

原因： 减少用户可感知的响应时间，增加用户满意度，提高平台或方案的可扩展性。

要点： 尽量利用 Ajax 和缓存 Ajax 调用以提高用户满意度及可扩展性。

风险降低： 中

成本： 低

利益和优先级： 高 / 2

规则 23——利用页面缓存

内容： 在网络服务的前端部署页面缓存。

场景： 总是。

用法： 选择缓存的解决方案然后部署。

原因： 通过缓存和分发以前产生的动态请求降低网络负载，快速响应静态对象请求。

要点： 页面缓存是减少动态请求的好办法，可以减少客户响应时间，以成本效益方式扩展。

风险降低： 中

成本： 中

利益和优先级： 中 / 3

规则24——利用应用缓存

内容： 使用应用缓存以成本效益方式扩展。

场景： 当需要提高可扩展性和降低成本的时候。

用法： 要最大化应用缓存的影响，首先分析如何拆分架构。

原因： 应用缓存提供了以成本效益方式扩展的能力，但是应该与系统架构互补。

要点： 在实施应用缓存，从成本和可扩展性角度看取得最大效果之前，应该考虑如何沿Y轴（规则8）或者Z轴（规则9）拆分应用。

风险降低： 中

成本： 中

利益和优先级： 中 / 3

规则25——利用对象缓存

内容： 实现对象缓存以帮助扩展持久层。

场景： 任何有重复查询或计算的时候。

用法： 选择任何开源或有供应商支持的解决方案和在应用代码中实现。

原因： 实施相当简单的对象缓存可以节省大量应用或数据库服务器上的计算资源。

要点： 在任何重复计算的场合考虑实施对象缓存，但主要在数据库和应用层之间。

风险降低： 高

成本： 低

利益和优先级： 非常高 / 1

规则 26——独立对象缓存

内容： 在架构中采用单独的对象缓存层。

场景： 任何实施对象缓存的时候。

用法： 将对象缓存移到自己的服务器上。

原因： 对象缓存层独立的好处是可以更好地利用内存和 CPU 资源，并具备可以在其他层之外独立扩展对象缓存的能力。

要点： 在实施对象缓存时，把服务配置在现有层如应用服务器上很简单。考虑把对象缓存实施或迁移到自己的层上，以便取得更好的性能和可扩展性。

风险降低： 中

成本： 低

利益和优先级： 高 / 2

规则 27——失败乃成功之母

内容： 抓住每个机会，尤其是失败的机会，学习经验并吸取教训。

场景： 不断地从错误和成功中学习。

用法： 观察客户或用 A/B 测试验证。建立事后分析过程，在低故障率环境下采用假设失败的方法。

原因： 做事情不考虑结果或发生事故而没有从中吸取教训，都会错失良机，从而让竞争对手趁机占便宜。最好的经验来自于失败中的错误，而不是成功。

要点： 要不断努力地学习。学习得最好、最快和最频繁的是那些增长最快并且最具可扩展性的公司。千万不要浪费失败的机会。抓紧每个机会学习，发现架构、人和过程中需要纠正的问题。

风险降低： 中

成本： 低

利益和优先级： 高 / 2

规则 28——不靠 QA 发现错误

内容： 利用 QA 降低产品交付成本，提高技术吞吐量，发现质量趋势，减少缺陷，但不提高质量。

场景： 任何可能的机会下，通过专人聚焦测试而不是写代码以提高效率。利用 QA 从过去的错误中学习。

用法： 每当测试活动获得超过一个工程师的价值输出时，就雇用一个 QA 人员。

原因： 降低成本，加快交付速度，减少缺陷重复。

要点： 因为系统质量无法测试，所以 QA 并不会提高质量。如果使用得当，可以提高生产力，同时降低成本，最重要的是，可以避免缺陷率的增长速度超过快速雇用期间的组织增长率。

风险降低： 中

成本： 低

利益和优先级： 高 / 2

规则29——不能回滚注定失败

内容： 必须具备代码回滚的能力。

场景： 确保所有版本的代码都有回滚能力，在准生产或者QA环境演练，必要时在生产环境用它来解决客户的问题。

用法： 清理代码并遵循几个简单的步骤以确保可以回滚代码。

原因： 如果没有经历过无法回滚代码的痛，还继续冒险地“修改－发布”代码，那么你可能会在某个时刻体会到这种痛苦。

要点： 应用过于复杂或者代码发布太频繁所以不能回滚，这个借口无法接受。稳健的飞行员不会在飞机不能着陆时起飞，明智的工程师不会发布不能紧急回滚的代码。

风险降低： 高

成本： 低

利益和优先级： 非常高 / 1

规则30——从事务处理中清除商务智能

内容： 业务系统与产品系统分离、产品智能与数据库系统分离。

场景：任何考虑公司内部需求和将数据转入、转出或在产品之间转换的时候。

用法：把存储过程从数据库移到应用逻辑。在公司和产品系统之间不做同步调用。

原因：把应用逻辑放在数据库中是昂贵的而且会影响可扩展性。把公司系统和产品系统绑在一起也是昂贵的，同样会影响可扩展性并带来可用性问题。

要点：由于许可证和独特的系统特性，扩展数据库和公司内部系统的成本可能很高。因此，我们希望它们专用于特定的任务。对于数据库，我们希望它专用于事务处理，而不是产品智能。对于后台办公系统（BI)，我们不希望产品系统与这些系统的扩展能力挂钩。采用异步方法向这些业务系统传输数据。

风险降低：高

成本：中

利益和优先级：高 / 2

规则 31——注意昂贵的关系

内容：注意数据模型中的关系。

场景：当设计数据模型、添加表 / 列、写查询语句或从长计议考虑实体之间的关系会如何影响效率和可扩展性。

用法：当设计数据模型时，考虑数据库分离和未来可能的数据需求。

原因： 实施之后再修复破损数据模型的费用是在设计过程中修复的100倍。

要点： 超前考虑，仔细计划数据模型。设计范式时，考虑将来如何拆分数据库和应用系统可能的数据需求。

风险降低： 低

成本： 低

利益和优先级： 中/3

规则32——正确使用数据库锁

内容： 理解如何使用明锁和监控暗锁。

场景： 每次采用关系数据库作为解决方案时。

用法： 在代码审查时注意明锁。监控数据库暗锁，并在必要时进行明确调整以保证适度的吞吐量。选择允许锁类型和粒度灵活性的数据库与存储引擎。

原因： 最大化数据库的并发性和吞吐量。

要点： 理解锁类型并且管理其使用情况，以使数据库吞吐量和并发性最大化。改变锁类型，以便更好地使用数据库，并在成长中拆分数据结构或数据库。确保选择允许多种锁类型和粒度的数据库，以达到最大的并发性。

风险降低： 高

成本： 低

利益和优先级： 非常高/1

规则 33——禁用分阶段提交

内容： 不要使用分阶段提交协议来存储或处理事务。

场景： 总是传递或从不使用分阶段提交。

用法： 不用；采用 Y 轴或 Z 轴拆分数据存储和处理系统。

原因： 分阶段提交是一个阻塞协议，它不允许其他事务处理直至其完成。

要点： 不要使用分阶段提交协议作为延长单体数据库生命的简单方法。这可能不利于扩展甚至会导致系统更早消亡。

风险降低： 中

成本： 低

利益和优先级： 高 / 2

规则 34——慎用 Select for Update

内容： 定义游标时，SELECT 语句中尽量少用 FOR UPDATE 子句。

场景： 总是。

用法： 审查游标开发并质疑每一个 SELECT FOR UPDATE 的使用。

原因： 使用 FOR UPDATE 会导致行锁定，可能减缓事务处理速度。

要点： 游标使用得体时，它是功能强大的结构，在加快事务处理方面，它确实可以使程序更快、更容易。但 FOR

UPDATE 游标可能导致长时间占有锁，而且减缓事务完成时间。参考数据库文档，确定否需要使用 FOR READ ONLY 以减少锁定。

风险降低：中

成本：低

利益和优先级：高 / 2

规则 35——避免选择所有列

内容：不要在查询中使用 Select*。

场景：始终使用这个规则（或者换句话说，永远不要选择所有的列）。

用法：始终在查询语句中声明你要选择或插入数据的列。

原因：当表结构发生变化时，查询语句中选择的所有列容易产生故障，从而传送不必要的数据。

要点：在选择或插入数据时不要使用通配符。

风险降低：高

成本：低

利益和优先级：非常高 / 1

规则 36——用“泳道”隔离故障

内容：在设计中实现故障隔离区或泳道。

场景：为可扩展性开始拆分持久层（例如数据库）或服务时。

用法：沿 Y 或 Z 轴拆分持久层和服务，禁止故障隔离的服务和数据间同步通信或访问。

原因：提高可用性和可扩展性。减少发现和解决故障的时间。缩短上市时间和成本。

要点：故障隔离包括根除故障隔离域间的同步请求，限制异步调用和处理同步调用失败，以及避免泳道之间的服务和数据共享。

风险降低：高

成本：高

利益和优先级：中 / 3

规则 37——拒绝单点故障

内容：永远不要实施会带有单点故障的设计，一直要消除单点故障。

场景：在架构审查和新系统设计时。

用法：在架构图上寻找单个实例。尽最大可能配制成主动 / 主动模式。

原因：通过多实例配置最大化可用性。

要点：努力实施主动 / 主动而非主动 / 被动配置。使用负载均衡器在服务的不同实例之间实现流量平衡。对需要单例的情形，可以在主动 / 被动模式的实例中采用控制服务。

风险降低：高

成本：中

利益和优先级：高 / 2

规则38——避免系统串联

内容： 减少以串联方式连接的组件数量。

场景： 每次考虑添加组件的时候。

用法： 删除不必要的组件、收起组件或添加多个并行组件以减少影响。

原因： 串联组件受多重失败乘法效应的影响。

要点： 避免向串联系统添加组件。如果有必要这样做，添加多个版本的组件，如果一个出故障，其他组件可以取代它的位置。

风险降低： 中

成本： 中

利益和优先级： 中 / 3

规则39——启用与禁用功能

内容： 搭建一个框架来启用与禁用产品的功能。

场景： 考虑使用上线和下线框架控制新研发的、非关键性的或者依赖第三方的功能。

用法： 研发共享库以自动或基于请求的方式控制功能的启用与禁用，参见表9-5中的推荐。

原因： 为了保护对最终用户很重要的关键功能，关闭有问题或非关键性的功能。

要点： 当实施成本低于风险损失时，实现上线和下线框架。开发可以复用的共享库以降低未来实施的成本。

风险降低： 中

成本： 高

利益和优先级： 低 / 4

规则 40——力求无状态

内容： 设计和实施无状态系统。

场景： 在设计新系统和重新设计现有系统的时候。

用法： 尽可能选择无状态实施方案。如业务必须，可实施有状态方案。参见规则 41 和 42。

原因： 有状态会限制可扩展性、降低可用性并增加成本。

要点： 始终拒绝任何系统中对状态的需求。采用业务指标和对比（A/B）测试来确定应用中的状态是否真的会带来可预见的用户行为和业务价值。

风险降低： 高

成本： 高

利益和优先级： 中 / 3

规则 41——在浏览器中保存会话数据

内容： 彻底避免会话数据，但需要时，考虑把数据保存在用户的浏览器中。

场景： 任何为了最佳用户体验而需要保存会话数据的场合。

用法： 在用户的浏览器中使用 cookie 来保存会话数据。

原因： 在用户的浏览器中保存会话数据，允许任意 Web 服务器为用户请求提供服务，并减少存储要求。

要点： 使用 cookie 来存储会话数据是一种常见的方法，优点是易于扩展。其中一个最受关注的缺点是非加密的 cookie 很容易被捕获并用于账户登录。

风险降低： 中

成本： 低

利益和优先级： 高 / 2

规则 42——用分布式缓存处理状态

内容： 使用分布式缓存在系统中存储会话数据。

场景： 任何需要存储会话数据但又不能在用户的浏览器上存储的情况。

用法： 注意一些常见错误，如需要用户对 Web 服务器黏性的会话管理系统。

原因： 仔细考虑如何存储会话数据以帮助确保系统可以继续扩展。

要点： 许多 Web 服务器或语言提供基于服务器的简单会话管理，但这往往充满问题，如用户与特定服务器的黏性。实现分布式缓存允许在系统中存储会话数据和继续扩展。

风险降低： 中

成本： 低

利益和优先级： 高 / 2

规则 43——尽可能异步通信

内容： 尽可能优先考虑异步通信而不是同步通信。

场景： 考虑在服务与层之间的所有调用尽可能异步实现。特别是所有非关键请求。

用法： 使用特定语言调用，以确保请求是以非阻塞方式发出且调用方不阻止等待响应。

原因： 同步调用使整个程序停下来等待响应，它捆绑所有服务和层，进而导致连锁性延迟或故障。

要点： 用异步通信技术确保服务和层尽可能独立。使系统扩展能力远超所有的组件紧密耦合在一起的情形。

风险降低： 高

成本： 中

利益和优先级： 高 / 2

规则 44——扩展消息总线

内容： 同任何物理或逻辑系统一样，消息总线也会因需求而失败。所以它们也需要扩展。

场景： 每次当消息总线是架构组件的时候。

用法： 采用 AKF 的 Y 和 Z 轴拆分。

原因： 确保消息总线可以扩展以满足用户需求。

要点： 像对待任何其他关键组件那样对待消息总线。在需求到来之前沿 Y 或 Z 轴扩展。

风险降低： 高

成本： 中

利益和优先级： 高 / 2

规则 45——避免总线过度拥挤

内容： 总线流量仅限于那些价值高于处理成本的事件。

场景： 在任何消息总线上。

用法： 以价值和成本判断消息流量。去除低价值、高成本的流量。抽样调整低价值 / 低成本和高价值 / 高成本以降低成本。

原因： 消息流量不是“免费的”，并且对系统提出了昂贵的要求。

要点： 不要发布一切消息。对流量进行抽样以确保成本与价值之间的平衡。

风险降低： 中

成本： 低

利益和优先级： 高 / 2

规则 46——警惕第三方方案

内容： 扩展自己的系统；不要依赖供应商的解决方案来实现可扩展性。

场景： 每当考虑是否使用来自供应商的新功能或新产品时。

用法： 依靠本书的规则来理解如何扩展，尽可能用最简单的方式使用供应商提供的产品或服务。

原因： 遵循这条规则有三个理由：掌握自己的命运，保持架构的简单，降低总的成本。要知道是客户（而不是供应商）要你对产品的可扩展性和可用性负责。

要点： 不要依赖供应商的产品、服务或系统功能来扩展。保持架构简单，把命运掌握在自己手中，控制住成本。如果依赖供应商的专有扩展解决方案，那么有可能违犯所有这三个规则。

风险降低： 高

成本： 低

利益和优先级： 非常高 / 1

规则 47——梯级存储策略

内容： 将存储成本与数据价值匹配，包括删除价值低于存储成本的数据。

场景： 在设计讨论期间及数据的整个生命周期，应用于数据及其基础存储设施。

用法： 使用近因、频率和货币化分析确定数据的价值。将存储成本与数据价值匹配。

原因： 并非所有数据对业务都有相似的价值，事实上，随着时间的推移，数据的价值经常下降（或很少增加）。因此，我们不应该用单一的存储解决方案以同样的成本存储所有的数据。

要点： 理解和计算数据的价值并将存储成本与该价值匹配很重要。不要为没有股东利益回报的数据支付一分钱。

风险降低： 中

成本： 中

利益和优先级： 中 / 3

规则48——分类处理不同负载

内容： 通过分区和故障隔离，处理独特的工作负载，以最大限度地提高整体可用性、可扩展性和成本效益。

场景： 每当架构中包括分析（归纳或演绎）和产品（批处理或用户交互）解决方案时。

用法： 确保解决方案支持四种基本类型的工作负载（归纳、演绎、批处理和用户交互 / OLTP）而且彼此故障隔离，每种都存在于自己的故障隔离区内。

原因： 每种工作负载都有独特的需求和可用性要求。另外，每种都会影响其他的可用性和响应时间。通过把这些工作隔离在不同故障隔离区，可以确保彼此不冲突，而且每个都可以有自己的架构，并以经济实惠的方式满足其独特的需要。

要点： 归纳是从数据中形成假设的过程。演绎是对数据进行假设检验以确定有效性的过程。归纳和演绎解决方案应分离以获得最佳性能和可用性。同样，批量用户交互和分析工作负载应尽可能分离以获得最好的可用性、可扩展性和成本效益。把分析分成为归纳与演绎准备的解决方案。为每个工作选择正确的解决方案。

风险降低： 高

成本： 中

利益和优先级： 高 / 2

规则 49——完善监控

内容： 想想在设计时需要考虑什么才能监控应用。

场景： 每当添加或更改代码库的模块时。

用法： 在系统中适当埋点以记录事务的时间。

原因： 深入了解应用的性能将有助于在出现故障时回答许多问题。

要点： 把必须监控应用作为一条架构原则。另外，看看整体监控策略从确保可以回答："有问题吗？""问题在哪里？"和"什么问题？"

风险降低： 中

成本： 低

利益和优先级： 高 / 2

规则 50——保持竞争力

内容： 让架构的每个组成部分都有竞争力或认同竞争力。

场景： 任何在线交付的解决方案。

用法：对产品的每个组件，确定团队的责任和该组件的竞争力水平。

原因：对客户而言，每个问题都是你的责任。不能怨供应商。你提供的是服务，而非软件。

要点：不要把竞争力与自建还是购买或核心还是外围的决策混淆。可以购买解决方案，但必须在部署和维护时保持竞争力。事实上，客户要求你这样做。

风险降低：高

成本：低

利益和优先级：非常高 / 1

可扩展性规则的利益与优先级排行榜

正如你所期望的，规则的分布是相当正常的，但向利益和优先级的高端移动。当然，没有排名非常低的规则，因为它们不会成功入围。为便于参考，按照利益与优先级将50条规则分组如下。

非常高——1

规则19 放宽时间约束

规则25 利用对象缓存

规则29 不能回滚注定失败

规则32 正确使用数据库锁

规则35 避免选择所有列

规则 46　警惕第三方方案
规则 50　保持竞争力

高——2

规则 1　避免过度设计
规则 7　X 轴扩展
规则 10　向外扩展
规则 11　用商品化系统（金鱼而非汗血宝马）
规则 14　适当使用数据库
规则 15　慎重使用防火墙
规则 22　利用 Ajax 缓存
规则 26　独立对象缓存
规则 27　失败乃成功之母
规则 28　不靠 QA 发现错误
规则 30　从事务处理中清除商务智能
规则 33　禁用分阶段提交
规则 34　慎用 Select for Update
规则 37　拒绝单点故障
规则 41　在浏览器中保存会话数据
规则 42　用分布式缓存处理状态
规则 43　尽可能异步通信
规则 44　扩展消息总线
规则 45　避免总线过度拥挤

规则48 分类处理不同负载

规则49 完善监控

中——3

规则2 方案中包括扩展

规则3 三次简化方案

规则4 减少域名解析

规则5 减少页面目标

规则6 采用同构网络

规则8 Y轴拆分

规则9 Z轴拆分

规则12 托管方案扩展

规则16 积极使用日志文件

规则18 停止重定向

规则20 利用CDN缓存

规则21 灵活管理缓存

规则23 利用页面缓存

规则24 利用应用缓存

规则31 注意昂贵的关系

规则36 用“泳道”隔离故障

规则38 避免系统串联

规则40 力求无状态

规则47 梯级存储策略

低——4

- 规则 13　利用云
- 规则 17　避免画蛇添足
- 规则 39　启用与禁用功能

非常低——5

- 没有规则

总结

本章是对本书 50 条规则的总结。此外，我们为基于通用 Web 的公司提供了把这些规则按优先级排序的方法，从而帮助这些公司以进化的方式重新构建业务平台。这些优先级对刚开始建立自己产品或平台的企业并没有什么意义，因为在从零开始的时候更容易以相对较低的成本应用很多规则。

与任何其他规则一样，这些规则也有例外，并不是所有这些规则都适用于具体的技术项目。例如，可能不采用传统的关系数据库，在这种情况下，数据库规则将不适用。在某些情况下，由于成本限制和业务的不确定性，实施或采用规则毫无意义。如本书中的很多规则所示，你毕竟不想使自己的解决方案过于复杂，而只想在适当的时间产生开销以维持盈利能力。规则 2 认识到需要以经济实惠的方式扩展。虽然今天没有时间或金钱来实施一个解决方案，但是至少可以花点儿时间来确定当开始实施时解决方案会是什么样子。一个例子可能是等待实施可扩展的（故障隔离和沿 Y 轴或 Z 轴扩展）消息总线。如果不在代码和系统基础设施中实现解决方案，你至少应该讨论如果业务成功将来会如何实施。

同样，对如何确定这些规则的优先级也有例外。我们应用了一个可重复的模型，它包含了我们在许多公司集体学习的结果。因为结果是一个平均值，它面临着所有与平均数相同的问题：试图依靠许多特定数据点来描述整体样本是错误的。随时修改现有的机制以适应具体的需要。

本章的主要用途是帮助读者选择一些符合特定需要的规则，并把它们加以整理，形成组织内的架构原则。采用这些原则作为软件和基础设施审查的标准。这些会议可以以完全遵守所制订的规则为结束的条件或标准。架构评审和联合架构开发会议同样可以采用这些规则以确保遵守可扩展性和可用性原则。

无论是处在白板设计阶段的新系统，还是已经存在 10 年且有数以百万行代码的老系统，将这些规则纳入架构将有助于提高其可扩展性。如果你是一位工程师或架构师，那么请在设计中应用这些规则。如果你是经理或行政人员，那么请与团队分享这些规则。我们祝你在所有的可扩展性项目上好运。

推荐阅读

架构即未来：现代企业可扩展的Web架构、流程和组织(原书第2版)

作者：[美] 马丁 L. 阿伯特（Martin L. Abbott）迈克尔 T. 费舍尔（Michael T. Fisher）

ISBN：978-7-111-53264-4 定价：99.00元

任何一个持续成长的公司最终都需要解决系统、组织和流程的扩展性问题。本书汇聚了作者从eBay、VISA、Salesforce.com到Apple超过30年的丰富经验， 全面阐释了经过验证的信息技术扩展方法，对所需要掌握的产品和服务的平滑扩展做了详尽的论述，并在第1版的基础上更新了扩展的策略、技术和案例。

针对技术和非技术的决策者，马丁·阿伯特和迈克尔·费舍尔详尽地介绍了影响扩展性的各个方面，包括架构、过程、组织和技术。通过阅读本书，你可以学习到以最大化敏捷性和扩展性来优化组织机构的新策略，以及对云计算（IaaS/PaaS）、NoSQL、DevOps和业务指标等的新见解。而且利用其中的工具和建议，你可以系统化地清除扩展性道路上的障碍，在技术和业务上取得前所未有的成功。

本书覆盖下述内容：

- 为什么扩展性的问题始于组织和人员，而不是技术，为此我们应该做些什么？
- 从实践中取得的可以付诸于行动的真实的成功经验和失败教训。
- 为敏捷、可扩展的组织配备人员、优化组织和加强领导。
- 对处在高速增长环境中的公司，如何使其过程得到有效的扩展？
- 扩展的架构设计：包括15个架构原则在内的独门绝技，可以满足扩展的方案实施和决策需求。
- 新技术所带来的挑战：数据成本、数据中心规划、云计算的演变和从客户角度出发的监控。
- 如何度量可用性、容量、负载及性能。